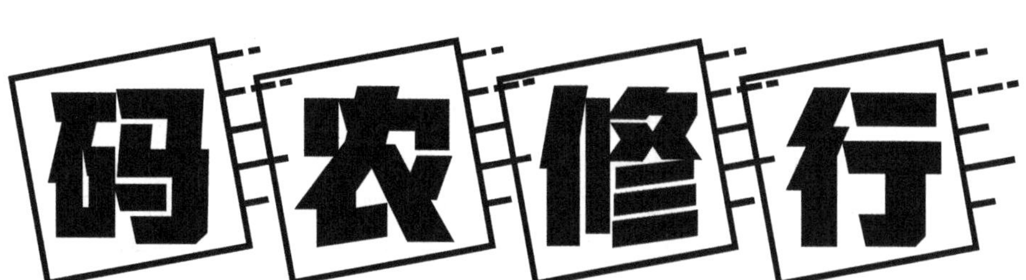

码农修行

编写优雅代码的32条法则

林文◎著

机械工业出版社
CHINA MACHINE PRESS

如何打造精品软件一直是软件行业讨论的热点话题。初入职场的软件开发人员，多数都只是在学会了某种编程语言后就直接进行编程工作。但由于他们并未掌握编程中的一些有效方法，导致其开发的软件问题累累且工作效率不高。本书针对这类人群提出了一些改善编程方法的建议，涉及具体编程工作的诸多方面，偏重于实践。书中大部分示例都是笔者实际编程工作中碰到过的真实案例，具有较高的参考价值。本书从代码的可读性、可靠性、效率、可维护性、可扩展性 5 个方面，提出了编写代码的 32 条法则。此外还公开了笔者自主编写的一款 Android 小游戏源代码，希望能对读者有所帮助。

本书适用于有一定编程基础、且想进一步提升个人编程能力的读者阅读，也可作为大中专院校计算机专业师生的教学参考用书。

图书在版编目（CIP）数据

码农修行：编写优雅代码的 32 条法则/林文著. — 北京：机械工业出版社，2020.8（2023.11 重印）
ISBN 978-7-111-66039-2

Ⅰ. ①码… Ⅱ. ①林… Ⅲ. ①软件开发 Ⅳ. ①TP311.52

中国版本图书馆 CIP 数据核字（2020）第 119690 号

机械工业出版社（北京市百万庄大街 22 号 邮政编码 100037）
策划编辑：李晓波 责任编辑：李晓波
责任校对：张艳霞 责任印制：常天培

固安县铭成印刷有限公司印刷

2023 年 11 月第 1 版 • 第 3 次印刷
169mm×239mm • 17.5 印张 • 432 千字
标准书号：ISBN 978-7-111-66039-2
定价：99.00 元

电话服务
客服电话：010-88361066
010-88379833
010-68326294

网络服务
机 工 官 网：www.cmpbook.com
机 工 官 博：weibo.com/cmp1952
金 书 网：www.golden-book.com
机工教育服务网：www.cmpedu.com

自序

我是一名代码工匠。大学时代处于20世纪90年代末和21世纪初，当时盛行着一个观点：程序员是吃青春饭的，30岁以后的程序员不知该何去何从。然而我的工匠生涯却一直延续至今，即使现在从事研发管理工作，编写代码也未曾停歇。

一般情况下，企业中技术岗位人员的晋升空间有限，到一定层级后需要转向管理岗位才能获得更好的提升。然而当我到了H公司后这个观念被打破了，技术岗位的职级可以一直晋升到与公司总裁同一级别。这不仅保障了工匠生涯得以延续，也让我有机会与各路专家一同体验编程的诸多乐趣。

写代码是一件快乐的事。然而我却碰到过不少在技术岗位发展通道中上升困难的人，他们或走向了管理岗位，或转型到了市场岗位。因此我认为程序员应该分为两类：一类是吃青春饭的，一类不是吃青春饭的。前者由于正值青春精力旺盛，在技术工作中可以凭“体力”获得一定的成果。但是随着年龄增长、精力下降后，不得不唏嘘感慨，另谋出路。后者则是工作方法得当，注重效率的提升，不断学习、运筹帷幄，保持自己的竞争力，从而延长职业生涯。

我认为自己属于“不是吃青春饭”的那一类，已达不惑之年仍在编程前线。编程能力涉及代码的方方面面，小到一个变量，大到一副架构，在我的编程生涯中，时常会有些许感悟，希望能整理出来，汇集成册。然而本书的写作并不顺利。早在 2012 年就开始准备并写了几个章节，但之后由于各种原因一度搁置；在 2017 年又重启写作工作，但断断续续、进展缓慢；直到 2019 年才下决心将本书写完，并一步步整理至今。在自己的坚持和家人的鼓励之下，本书才得以完成。

林　文

2020 年春于云南昆明

前言

本书所讨论的方法虽不能为你的软件系统创造价值，但能降低成本。

任何一项工程都包含价值和成本两方面因素，软件工程也不例外。对客户需求的满足程度就是软件产品价值的体现。客户并不关心你的代码中用了几个设计模式或采用了哪些精妙的结构。如果脱离了客户需求，即使你使用了最优秀的架构、最前沿的技术，产品还是毫无价值。满足软件的价值特性才是写代码的目的，即：满足客户的需求。也许你的代码并不优雅，而且还有瑕疵，但只要功能实现良好且能让客户满意，就能获得市场认可。

既然如此，人们为何还要不断地研究如何创造优雅代码？答案是：为了降低成本，优雅代码具备了降低成本的特性，如开发成本、维护成本、人力成本、时间成本等，这些软件工程的成本因素不容忽视。良好的可读性可以降低开发人员间的沟通成本；高可靠性可以有效避免由于致命问题导致的频繁发布补丁或更新版本；软件的高性能可以降低硬件采购的成本；可维护性与代码和产品的维护成本息息相关；可扩展性强的代码则可以在需求变化时从容应对，减少修改代码的工作量。

本书中的例子为C/C++和Java代码，但这并不是一本讲授某一种编程语言的书。书中所讨论的方法，是我代码工匠生涯中的一些积累和感悟。在归纳整理时，发现它们正好属于软件六大特性中的五个：易用性、可靠性、效率、可维护性、可移植性，这些都决定着软件的成本。

书中的这些方法放到任何一个应用系统中都适用。而软件的第一大特性——功能性则决定了软件的价值，它涉及软件系统的方方面面，包括需求价值、业务模型、技术路线等，这已经超出了本书的讨论范围。

本书读者

如果你已经掌握了某种编程语言且从事编程工作1~3年，并有意愿在此道路上长期发展，但又觉得在编程技艺上碰到了一些困惑同时感觉无法提高，那么你非常适合阅读本书。本书提供的一些思路和方法能给你带来帮助。

如果你从事编程工作 3 年以上，已经对写代码有了一定的认识，也希望你能抽空阅读本书，本书的内容可供你参考或对你有所启发，助你在编程的职业通道上更进一步。

此外，推荐高校计算机编程课程教师将其作为参考书使用。

示例代码

本书部分章节涉及的一些示例代码，可访问如下地址下载。

下载地址 1：https://github.com/MinyuLi/codewriting。

下载地址 2：http://sample.codewriting.cn。

联系方式

作者邮箱：codewriting@163.com。

本书公众号：

致谢

感谢机械工业出版社胡毓坚副总编辑、李晓波编辑在本书的出版过程中给予的大力帮助。本书第一稿完成时仅有 97 页，内容较为单薄。胡毓坚副总编辑鼓励我继续充实完善书稿内容，同时还帮我厘清了一些思路。李晓波编辑则一直陪我用心地打磨细节，比如本书的书名、章节的标题、书中的配图等。

目录

Contents

引　子

奈何姓万

从前有个财主，家里很有钱，但是祖祖辈辈都不识字。财主想改变这种状况，便请了个教书先生来教他的儿子阿富读书写字。

先生开始教阿富，在纸上画了一笔，说这是“一”字。又画了两笔，说这是“二”字。再画了三笔，说这是“三”字。阿富心想原来写字那么简单，那“四”就是四条横线，“五”就是五条横线，依次类推。便大叫“会了！会了！”，然后跑到父亲那里说他已经学会写字了，让父亲把先生辞退了。财主也十分高兴，心想这下家里终于有了书香气！

后来有一天财主要请一个姓“万”的朋友吃饭，便叫阿富写一张请柬。

但是阿富去了大半天都没有回来，财主便去催促。结果财主到书房一看傻了眼，地上铺满了纸，纸上画满了一条条的横线。而阿富还在卖力地一笔一画地写着。阿富看到父亲，抱怨道："天下姓氏这么多，那人怎么偏偏要姓'万'啊。要是姓'十（石）'或者'百（白）'，那我早就写完了。我这才写了五百，您再等等吧！"

我们就从《奈何姓万》这个故事说起吧。在我很小的时候就听过这个故事，当时觉得很可笑，世上怎么会有这么笨的人呢！然而在我开始学习编程以后，这个故事却时常在脑中浮现。直到现在写代码时仍然战战兢兢，我总在想自己会不会像阿富一样？会不会只学了一点皮毛就开始卖弄？会不会写得很烦琐？有没有更好的方法？

然而在我的职业生涯中，的确碰到过一名计算机专业的应届硕士毕业生写出了下面这样的代码。

```
char buffer[64];
for(int i=0; i < 64; i++)
{
    buffer[i] = '\0';
}
```

我们那时的项目用 C/C++语言开发，他在写一个单元测试用例时，要进行字符串比较，在进行字符串初始化时写了上面这样的代码。

这么短短的几行代码其实有好几个问题。第一个就是：为什么要用循环来赋值？在自行思考了一段时间后，他做出了如下改进。

```
char buffer[64];
memset(buffer, 0, 64);
```

这样借助于 API 性能会有所改善，而且代码量也小了。但是我的第二个问题又来了：为什么 buffer 大小是 64？他似乎有所领悟，于是很快改了一个新的版本。

```
char buffer[256];
memset(buffer, 0, 256);
```

好吧！就算现在扩大为 256，但如果今后发现空间还是不够，那还得改两个地方（buffer 定义的地方、memset 的第 3 个参数）。于是我顺手帮他又进行了修改。

```
char buffer[256];
memset(buffer, 0, sizeof(buffer) );
```

这样今后如果再要修改 buffer 的空间大小时，只需要改 buffer 定义的地方就行了。

写代码时尽量为今后的修改做好准备：一次需求变更只集中修改一个地方。这样能避免很多因为代码修改而引入的问题。

当然你也许会问：这是最优的写法吗？答案是否定的，甚至没有一个标准答案，但针对这个问题的讨论我想先暂告一段落。你也许还会问：就几行代码至于这么折腾吗？是不是有点吹毛求疵了？我不这么认为。一个软件产品动辄几十万、上百万行代码，其实每一处都需要如此斟酌。产品的整体质量和每一行代码都息息相关。

下面的章节从代码的可读性、可靠性、效率、可维护性、可扩展性等几个方面进行了类似上述的斟酌，给出了一些编写代码的建议和改进方法，希望能对读者提高工作效率有所帮助。《Effective C++中文版》[㊀]是对我职业生涯影响最大的书之一，因此我也效仿它的编写方式，每种方法都独立成章节。读者可以按自己感兴趣的任何一种顺序来进行阅读。

㊀ [美]Scott Meyers 著，侯捷译。

第 1 章：可读性

如何提高代码的可读性是一个永恒的话题。

通常认为程序员需要具备较强的“数学”功底，毕竟要掌握各类算法和模式都需要很强的逻辑思维能力。然而在经历了一段工作时间后，我发现程序员的“语文”能力也同样重要。《重构》[一]一书就提出：唯有优秀的程序员才能够写出人类能理解的代码。软件的规模越来越大，一个系统通常需要几代程序员来开发维护。然而这些程序员们往往都素未谋面，只能“神交”于代码的字里行间。

提到可读性，其实涉及两个方面：一是作者的表达能力，二是读者的理解能力。比如我个人总认为自己在阅读文字时存在阅读障碍，然而阅读代码却较有心得。因为我很乐于去揣摩代码作者的意图，特别是在遇到一些很晦涩的代码时。

在实际工作中也经常听到一些程序员抱怨：这样的代码简直无法维护，还不如推倒重写。如果你也碰到这种情况，我想请你先思考，是自己的理解能力问题，还是原作者的表达能力问题？然后再决定下一步动作。同时我也总结了一条心得和读者分享：真正的高手不但要能写得出好代码，还要能驾驭得了“烂”代码。

我曾自我剖析造成阅读障碍的原因，主要是阅读量不够。我的确不爱读书，但我却读（调试）过很多开源软件代码。我接触的第一个开源软件叫 SoX，它是一款 Linux 下的音频处理软件，支持多种音频格式。我花了很长时间去调试，不仅搞懂了它的框架和算法，还把其中一部分代码用到了自己开发的软件里。后来读了《设计模式》一书[二]才意识到，SoX 实际上是用 C 语言实现了一个策略（strategy）模式来支持各种音频格式。

[一] [美]Martin Fowler 著 Refactoring: Improving the Design of Existing Code。

[二] [美]Erich Gamma, Richard Helm, Ralph Johnson, John Vlissides 著 Design Patterns。

从语文的角度看，代码的文体应该属于说明文或记叙文，要着眼于把事情说清楚，而并非诗歌、散文或小说，文中存在着很多暗喻和伏笔，需要读者揣摩。本章主要讨论表达能力方面的问题，即：代码如何能清晰地表达作者的意图，让人易于理解。

图 1-1　白居易画像

唐代大诗人白居易，史书评价其诗："每成篇，必令其家老妪读之，问解则录。"意思是他每次写完诗，就会让家里的老婆婆读，老婆婆能读懂的话，才会编辑入册。

法则 01：准确命名

如果你准备花一小时写代码，那么其中半小时得用于命名。这句话虽然有些夸张，但体现出命名的重要性。的确，类名、函数名、变量名、文件名等如果含混晦涩，会给维护工作造成麻烦。

命名时把握一个原则：对于函数说明其在"做什么"，对于类或变量说明其"是什么"。言简意赅是一种理想状态。首先要用词准确，特别是英文基础较差的人，请随时查查词典。然后把这些词拼成一个短语或短句。最后，如果名字太长，再做一些简化。

- **用词准确**

英文好的人在准确用词方面会比较轻松，但英文不好的人，一定要多查查词典。甚至可以学学白居易写诗的方法，问问旁边的同事能不能读懂你起的名字。

我曾经在一个系统中需要管理若干"检查任务"，在给这些"检查任务"的基类命名时花了很长时间。"任务"一词在翻译软件里找到了 4 个结果：assignment、mission、duties、task。逐个选择，assignment 主要侧重的是分配的意思。mission 主要指使命，范围更大，而这里的任务主要是单个任务，范围小。duties 的意思主要是职责、责任。相比较而言 task 比较适合，因此最终选择了 task 作为任务基类的名字。

在有些场景使用拼音也未尝不可。比如在保密系统中的"绝密""机密""秘密"这几个术语就没有很适合的英文单词对应。不妨就直接用拼音 JueMi、JiMi、MiMi。

还要避免出现 Chinglish 单词。我曾经在一个开票系统的代码中看到一个函数名叫 OpenInvoice。invoice 是发票，但为什么要 open 它？琢磨了半天才悟出是"开票"的意思（我们把"开具发票"简称为"开票"）。这样晦涩的表达难以理解，而命名为 MakeInvoice 或直接用拼音 KP（KaiPiao）都是更好的选择。

- **拼接短语**

选好单词后，就把它们连在一起。我认为以下几种方式都是可行的。

```
IsReadOnly      //驼峰式
is_read_only    //Unix短横线式
isReadOnly      //Java首字母小写风格
```

另外 C/C++中的宏定义都约定俗成地用大写字母表示，因此给宏命名时可以用大写字母加短横线的方式。

```
#define F_READ_ONLY 1
```

或许你还有自己的方式。但我的建议是：一旦选定了一种方式，就一直使用它，不要在自己的代码中出现多种风格。

- **简化**

不要太迷信“代码自注释”这句话，对于一些长名字，可以做一些简化，比如函数。

```
void low_level_read_write_block_devices(...)
```

可以简化为如下形式。

```
/**
 * ll_rw_block: low-level access to block devices
……   */
void ll_rw_block(...)
```

函数名用简写，在注释里说明全称。这样在调用该函数的地方，可以少敲几个字母。特别是对于局部变量，我推荐使用简写，如下所示。

```
BOOL LocateFile(const CString& strFilePath)
{
    PROCESS_INFORMATION pi = { 0 };
    ……
}
```

pi 的命名方式，比 stProcessInformation 更为简洁。请比较下面两段代码，你认为哪一种方式更易读一些？

局部变量用全拼。

```
void _tmain( int argc, TCHAR *argv[] )
{
   STARTUPINFO startupInfo;
```

```
    PROCESS_INFORMATION stProcessInformation;

    ZeroMemory( &startupInfo, sizeof(startupInfo) );
    startupInfo.cb = sizeof(startupInfo);
    ZeroMemory( &stProcessInformation, sizeof(stProcessInformation) );

    //Start the child process.
    if( !CreateProcess( NULL, argv[1], NULL, NULL, FALSE, 0,
        NULL, NULL, &startupInfo, &stProcessInformation )
    )
    {
        printf( "CreateProcess failed (%d).\n", GetLastError() );
        return;
    }

    //Wait until child process exits.
    WaitForSingleObject( stProcessInformation.hProcess, INFINITE );

    //Close process and thread handles.
    CloseHandle( stProcessInformation.hProcess );
    CloseHandle( stProcessInformation.hThread );
}
```

局部变量用简写。

```
void _tmain( int argc, TCHAR *argv[] )
{
    STARTUPINFO si;
    PROCESS_INFORMATION pi;

    ZeroMemory( &si, sizeof(si) );
    si.cb = sizeof(si);
    ZeroMemory( &pi, sizeof(pi) );

    //Start the child process.
    if( !CreateProcess( NULL, argv[1], NULL, NULL, FALSE, 0,
        NULL, NULL, &si, &pi )
    )
    {
```

```
        printf( "CreateProcess failed (%d).\n", GetLastError() );
        return;
    }

    //Wait until child process exits.
    WaitForSingleObject( pi.hProcess, INFINITE );

    //Close process and thread handles.
    CloseHandle( pi.hProcess );
    CloseHandle( pi.hThread );
}
```

第一种方式需要阅读的信息太多。如果你采用这种方式，我猜测写这些变量的时候你多半是使用复制粘贴的方法，不会是一个个地敲字母，尽管很多 IDE（集成开发环境）在输入时有联想功能。

- **忘掉匈牙利标记法**

匈牙利标记法就是给变量名加个前缀，且为小写字母，用于标识该变量的类型。比如下面这样。

```
char cName;
BYTE bSwitch;
WORD wParam;
int iLength;
```

老一辈的程序员在 Windows 编程中都会使用匈牙利标记法。该标记法的产生有一定的时代背景，一方面因为老一代的代码编辑器功能都比较单一，如果函数比较长，阅读代码时想看某个变量的类型，需要向上滚屏回到变量定义的地方，这样操作很不方便。如果都使用匈牙利标记法，那么在变量出现的地方通过其前缀就能知道是什么类型。另一方面，如果在变量间赋值时，也能快速地发现变量间的类型是否匹配。

但如今，显示器的分辨率越来越高，这可以帮助我们在单屏里显示更多的代码。此外，一些新的代码编辑器都具有联想功能。比如在 Source Insight 中，当选中一个变量时，在 Context 窗口中就会显示该变量定义的地方，可以很方便地查看其类型。

至于要避免变量赋值时类型不匹配的问题，我认为最好的办法是交给编译器来完成，而不是用肉眼去查看。对于类型不匹配的赋值，编译器都会报错或给出告警，而你只需要留意编译告警（参考“法则 11：留意编译告警”）。

因此，如今使用匈牙利标记法的理由已不再充分。另外，匈牙利标记法还有一个缺点，当改变某个变量的类型时，还需要对该变量出现的每个地方都修改其前缀。这违背了一次需求变更只集中修改一个地方的原则，而如果不使用匈牙利标记法就没有这个麻烦。

当然，使用匈牙利标记法也可以作为一种“个性”由软件设计师自行决定。只不过需要注意的是，一旦使用了该标记法，就要确保类型和前缀是一致的，以避免出现下面这类不一致的情况。这反而会造成误导，增加维护成本。

```
int wLength; //类型定义是 int 类型，但前缀是 WORD 类型
```

- **适时重构**

实际上要做到第一点中所说的“用词准确”并不容易。可能会在过了很长一段时间后才想到一个更适合的名字。如果碰到这种情况，需要评估修改的工作量。如果这个名字是出现在接口中，其他子系统正在使用这个接口，那么就维持现状。因为如果要改动一个接口，使用这个接口的人也要进行相应的修改，这样改动工作量太大。如果仅仅是模块内部使用的一个变量或函数的名字，那可以在合适的时候进行修改，因为这样可以带来更好的可读性，易于他人理解。很多 IDE 都提供了方便的 rename（重命名）功能，可以依靠这类工具来进行修改。不过需要注意的是，在注释里出现的名字不一定都能修改到，需要人工进行排查。

比如我曾经写过的一个 Android 小游戏“花样泡泡龙”[⊖]，在给“小图形”命名时，我使用了 drop 一词作为类名。也曾考虑过用 block 一词，但我当时把 block 理解为“方块”，而这些图形里有三角形、五边形、圆形等其他形状，如图 1-2 所示。因此我认为笼统地叫“方块”并不合适。

⊖ 在“代码资源”一章的“花样泡泡龙”一节中会对其进行详细介绍，并公开了完整源代码。

图 1-2　游戏积木的 5 种形状

并且由于它们都是从屏幕上方往下落，像“水滴”一样。因此把它们命名为正在“下降”的“水滴”（drop）。

时隔多年当我准备在本书中公开这部分源代码时，考虑到读者可能会对 drop 这个词感到不好理解，于是又重新考虑这个类的命名。最终发现其实之前考虑过的 block 一词是比较合适的，因为 block 还有“积木”的意思，而积木就可以有各种形状。因为当初没有注意到它的这个含义而没有采用。因此在最终发布的源代码中，所有用到 drop 一词的地方全都改成了 block。此外 bubble 也是可以考虑的一个名字，其是“气泡”的意思，而气泡也可以有各种形状。

法则 02：设置缩进

我在 Z 公司时，公司有一条编程规范是缩进必须为 4 个空格。但我从来没有遵守过，一直我行我素地按照我的风格：缩进 1 个 Tab 并且在 Source Insight 里把 Tab 设置为 8 个空格。幸运的是从来没有人找过我的“麻烦”。

后来到了 H 公司也有一条相同的编程规范。当我继续按照自己的风格写代码时，Pc-lint（一种 C/C++代码静态分析工具）报错了。于是不得不遵守这条规范。但在离开 H 公司后我还是继续按照我的风格写代码。

缩进为 1 个 Tab 并且把 Tab 设置为 8 个空格，这其实也是 Linux 内核的编程规范，我很认可并一直使用。这么设置至少有以下几个好处：

1）当代码嵌套层次过多时，代码就会比较靠右，这样更容易发现问题，并及时优化。

2）可以在代码编辑器中把字体设置得稍小一点，代码看起来也会很有层次。这样在单屏里面能够装下更多代码，方便阅读。

3）如果确实有人对 8 个空格不适应，还有折中的余地，他可以在自己的 IDE 中把 Tab 设置为 4 个空格。这样对大家都没有影响。

一种反对的观点认为 switch...case...语句会过于靠右，因为通常的做法是 case 关键字较 switch 关键字多一层缩进。使用 Tab 对应 8 个空格作为缩进时，代码会像下面这样。

```
switch (suffix) {
        case 'G':
        case 'g':
                mem <<= 30;
                break;
        case 'M':
        case 'm':
                mem <<= 20;
                break;
        case 'K':
        case 'k':
                mem <<= 10;
```

```
                /* fall through */
        default:
                break;
}
```

case 关键字和 switch 之间已经有了一个 Tab，而 case 内部的处理代码又多了一个 Tab，从开始写 case 下的主要代码时，左边就已经有了 24 个空格（3 个 Tab），使得代码更加靠右。然而通过调整 switch...case...语句的排布方式可以解决这个问题，让 case 和 switch 语句对齐，像下面这样排布代码，层次清晰也没有造成多余的缩进。

```
switch (suffix) {
case 'G':
case 'g':
        mem <<= 30;
        break;
case 'M':
case 'm':
        mem <<= 20;
        break;
case 'K':
case 'k':
        mem <<= 10;
        /* fall through */
default:
        break;
}
```

还有一种反对的观点认为使用 Tab 作为缩进会令代码在不同的编辑器中排布效果不一样。比如同一份代码在 Visual Studio 中能对齐，但在 UltraEdit 中却不能对齐。

实际上就缩进而言，只要 Tab 和空格不混用，是不会出现上述情况的。出现上述情况是因为使用 Tab 键控制代码左右的间隔来达到对齐效果。比如下面这部分代码，如果在某个编辑器中是在等号“=”左边使用了若干 Tab 键使得“=”保持在同一竖线。那么用其他编辑器打开同一个文件时可能会出现“=”不在同一竖线的情况。比如下面的代码块在 Visual Studio

中对齐。

```
LRESULT CALLBACK WndProc (...)
{
    static OPENFILENAME ofn ;
    /* 以下'='左边都是若干 Tab */
    ofn.lStructSize             = sizeof (OPENFILENAME) ;
    ofn.hwndOwner               = hwnd ;
    ofn.hInstance               = NULL ;
    ofn.lpstrFilter             = szFilter ;
    ofn.lpstrCustomFilter       = NULL ;
}
```

但用 UltraEdit 打开时可能会是如下这样，最后一个“=”没有与上面的对齐。

```
LRESULT CALLBACK WndProc (...)
{
        static OPENFILENAME ofn ;
        /* 以下'='左边都是若干 Tab */
        ofn.lStructSize             = sizeof (OPENFILENAME) ;
        ofn.hwndOwner               = hwnd ;
        ofn.hInstance               = NULL ;
        ofn.lpstrFilter             = szFilter ;
        ofn.lpstrCustomFilter= NULL ;
}
```

原因是使用 Tab 控制代码的左右间距时，编辑器会使用某种适配算法根据 Tab 键所设置的对应空格数来显示 Tab 的长度。不同的编辑器算法不同，因此可能存在不一样的对齐效果。而使用空格就不会出现这类情况。因此推荐使用的代码排布方式为：在缩进时使用 Tab，在其他代码块对齐时使用空格。这样就能达到代码在各种编辑器中保持同样效果的目的。如下所示。

```
LRESULT CALLBACK WndProc (...)
{
/*以下代码缩进为 Tab*/
[tab]static OPENFILENAME ofn ;
```

```
[tab]/* 以下'='左边都是若干空格 */
[tab]ofn.lStructSize           = sizeof (OPENFILENAME) ;
[tab]ofn.hwndOwner             = hwnd ;
[tab]ofn.hInstance             = NULL ;
[tab]ofn.lpstrFilter           = szFilter ;
[tab]ofn.lpstrCustomFilter     = NULL ;
}
```

注：由于页面排版限制，本书的其余代码除特殊说明外，都使用 1 个 Tab 且 Tab 为 4 个空格的排布方式。

法则 03：保留个性

函数的第一个左括号“{”，是在和函数同一行的最右边。

```
int function(int x){
    body of function
}
```

还是另起一行放在最左边。

```
int function(int x)
{
    body of function
}
```

if、for、do…while、while、try…catch、switch…case 等语句的括号也有如下三种风格。

风格一：左括号在第一行最右边。

```
if(x is true){
}
```

风格二：左括号另起一行并与上一列对齐。

```
if(x is true)
{
}
```

风格三：左括号另起一行并加一个 Tab。

```
if(x is true)
    {
    }
```

等号“=”或其他各类运算符两边各加一个空格。

```
wndclass.style = CS_HREDRAW | CS_VREDRAW;
```

还是不要空格。

```
wndclass.style=CS_HREDRAW|CS_VREDRAW;
```

或者是加若干个空格让代码块保持对齐。

```
wndclass.style         = CS_HREDRAW | CS_VREDRAW ;
wndclass.lpfnWndProc   = WndProc ;
wndclass.cbClsExtra    = 0 ;
wndclass.cbWndExtra    = 0 ;
wndclass.hInstance     = hInst ;
```

行尾的分号“;”前面加 1 个空格。

```
ShowWindow(hwnd, iCmdShow) ;     //此分号前有 1 个空格
```

还是不加。

```
ShowWindow(hwnd, iCmdShow);      //此分号前无空格
```

定义函数时，函数的名称和后面的小括号“(”之间要加空格。

```
int function (int x)             //小括号前有一个空格
```

还是不加。

```
int function(int x)              //小括号前无空格
```

上述这些风格如何选择？其实代码的可读性不会因为一个括号的位置或多少了几个空格而受到影响。我认为以上这些风格都是可行的。甚至在一个项目组中也不要对风格进行限定，要鼓励软件设计师有自己的个性。但需要注意的是，一旦选定了一种风格，就要一直使用它，让它成为你职业生涯的一种“标志”。

我们就来欣赏各位高手的编程风格吧！

下面是 Windows 编程大师 Charles Petzold㊀的风格。他的代码看上去十分整齐。函数名和后面的小括号“(”之间有 1 个空格，所有分号“;”前面都有 1 个空格，所有大括号“{”都另起一行，相关联的代码块也都保持对齐，同时使用了匈牙利标记法。此外注意其代码缩进为 5 个空格，非常特别。

㊀ Charles Petzold 所著的 *Programming Windows* 被誉为 Windows 编程的“圣经”。

```
/*------------------------------------------
   SINEWAVE.C -- Sine Wave Using Polyline
              (c) Charles Petzold, 1998
  ------------------------------------------*/

#include <windows.h>
#include <math.h>

#define NUM     1000
#define TWOPI   (2 * 3.14159)

LRESULT CALLBACK WndProc (HWND, UINT, WPARAM, LPARAM) ;

int WINAPI WinMain (HINSTANCE hInstance, HINSTANCE hPrevInstance,
                    PSTR szCmdLine, int iCmdShow)
{
     static TCHAR szAppName[] = TEXT ("SineWave") ;
     HWND         hwnd ;
     MSG          msg ;
     WNDCLASS     wndclass ;

     wndclass.style         = CS_HREDRAW | CS_VREDRAW ;
     wndclass.lpfnWndProc   = WndProc ;
     wndclass.cbClsExtra    = 0 ;
     wndclass.cbWndExtra    = 0 ;
     wndclass.hInstance     = hInstance ;
     wndclass.hIcon         = LoadIcon (NULL, IDI_APPLICATION) ;
     wndclass.hCursor       = LoadCursor (NULL, IDC_ARROW) ;
     wndclass.hbrBackground = (HBRUSH) GetStockObject (WHITE_BRUSH) ;
     wndclass.lpszMenuName  = NULL ;
     wndclass.lpszClassName = szAppName ;

     if (!RegisterClass (&wndclass))
     {
          MessageBox (NULL, TEXT ("Program requires Windows NT!"),
                      szAppName, MB_ICONERROR) ;
          return 0 ;
     }

     hwnd = CreateWindow (szAppName, TEXT ("Sine Wave Using
```

```
        Polyline"),
                            WS_OVERLAPPEDWINDOW,
                            CW_USEDEFAULT, CW_USEDEFAULT,
                            CW_USEDEFAULT, CW_USEDEFAULT,
                            NULL, NULL, hInstance, NULL) ;

     ShowWindow (hwnd, iCmdShow) ;
     UpdateWindow (hwnd) ;

     while (GetMessage (&msg, NULL, 0, 0))
     {
          TranslateMessage (&msg) ;
          DispatchMessage (&msg) ;
     }
     return msg.wParam ;
}
```

下面是 Linux 之父 Linus Torvalds 大神的风格。其缩进为 1 个 Tab（对应 8 个空格），大括号“{”在 while 或 if 语句同一行的右边，if 语句后的单行代码并没有使用大括号对“{}”。此外最为“霸气”的是直接用自己的名字命名了设备驱动层电梯调度算法的函数名（摘自 Linux-2.4.0 内核源码）。

```
int elevator_linus_merge(request_queue_t *q, struct request **req,
            struct buffer_head *bh, int rw,
            int *max_sectors, int *max_segments)
{
       struct list_head *entry, *head = &q->queue_head;
       unsigned int count = bh->b_size >> 9, ret = ELEVATOR_NO_MERGE;

       entry = head;
       if (q->head_active && !q->plugged)
              head = head->next;

       while ((entry = entry->prev) != head) {
              struct request *__rq = *req = blkdev_entry_to_
                request(entry);
              if (__rq->sem)
                     continue;
              if (__rq->cmd != rw)
                     continue;
```

```
                if (__rq->nr_sectors + count > *max_sectors)
                        continue;
                if (__rq->rq_dev != bh->b_rdev)
                        continue;
                if (__rq->sector + __rq->nr_sectors == bh->b_rsector) {
                        ret = ELEVATOR_BACK_MERGE;
                        break;
                }
                if (!__rq->elevator_sequence)
                        break;
                if (__rq->sector - count == bh->b_rsector) {
                        __rq->elevator_sequence--;
                        ret = ELEVATOR_FRONT_MERGE;
                        break;
                }
        }

        /*
         * second pass scan of requests that got passed over, if any
         */
        if (ret != ELEVATOR_NO_MERGE && *req) {
                while ((entry = entry->next) != &q->queue_head) {
                        struct request *tmp = blkdev_entry_to_
                          request(entry);
                        tmp->elevator_sequence--;
                }
        }

        return ret;
}
```

当然关于代码风格我的建议是：作为普通软件设计师，很多时候需要“随和”一点，因为它并非原则性问题。虽然要形成自己的风格，但有时候“入乡随俗”也未尝不可。当新加入一个项目时，如果项目组没有明确要求代码风格，你可以按照自己的风格写代码。但如果项目组有明确的要求，那么就去适应该项目组的风格。

此外，如果你是项目管理者，我建议不要对代码风格有太多的限制，要鼓励软件设计师有自己的个性。

法则 04：语法潜台词

每种编程语言都有对代码进行约束的一些语法，当然它们还传递着一些附加的信息。

- **函数入参**

其中最为常用的应该是 C/C++中的 const 关键字。而在 Java 中与之对应的是 final 关键字。

当需要表达一个函数的参数是入参时，可以加上 const 或 final 关键字。比如下面的 C/C++代码。

```
int acsicmd_dma( const char *cmd, ...);
```

或如下 Java 代码。

```
public void handleDecode(final Result obj, ...){
    ......
}
```

这种表达方式比下面这样通过注释来说明更有约束力。

```
int acsicmd_dma( char *cmd /* cmd为入参，不允许修改 */, ...);
```

因为新任的软件设计师稍不注意就修改了 cmd 的内容，但编译器并不会报错。此外对于 Java 语言，当函数参数为对象时，都是传引用的方式，效率很高。对于 C++语言，当入参是一个对象时，需要再加一个传引用的修饰符“&”。

```
int acsicmd_dma( const string& cmd, ...);
```

这样可以免去一次参数传递时的赋值拷贝，提高了效率。特别是入参为数组时，一定要加“&”修饰符（参考“法则 14：关注性能热点”）。

```
void do_some_thing(const std::vector<struct P>& vp)
```

- **构造函数**

对于一个类，其构造函数大部分情况都声明为 public，这表明该类的对象可以随时进行实例化，比如下面代码中可以直接定义一个 Person 的对象。

```
class Person{
public:
    Person(const char* name);
};

    Person p("张三");
```

如果一个类的构造函数声明为protected，表明该类必须要经过派生后才能够使用。在“法则13：规避短板”一节中介绍的可重用的基类ProcRuner，其构造函数就声明为protected。代码如下。

```
class ProcRuner //Process runer
{
    ……
protected:
    ProcRuner(void);
}
```

因为该类必须经过派生后才能复用，派生类必须重写两个虚函数。代码如下。

```
/* call unstable function*/
class CallUnstFunc : public ProcRuner
{
    ……
};

    Result rst;
    CallUnstFunc cuf(3, 4, &rst);
    int ret = cuf.Execute(_T(""));
```

如果一个类的构造函数被声明为private，那说明它既不能被派生，也不能被直接实例化，例如“法则31：灵活注入对象”中的ModuleMgr类。它很可能为单例（singleton）模式，同时会提供一个配套的静态成员函数GetInst以供获取该类的全局唯一实例。代码如下。

```
class ModuleMgr{
public:
    static ModuleMgr* GetInst();
```

```
private:
    ModuleMgr();
};
```

● **公有继承**

此外对于继承体系，也有其内在的表达。公有继承传递的信息是“is-a”的关系。比如派生类 Eagle 公有继承自基类 Bird，C++语言中使用 public 关键字表示公有继承。

```
class Eagle : public Bird
{
};
```

对于 Java 语言，使用 extends 表示公有继承。

```
public class Eagle extends Bird {
}
```

这是面向对象设计中非常重要的一个概念。比如上面代码描述的信息是：鹰“是一种”鸟类。当然，读到这里希望读者不要浅尝辄止，有两个要点需要特别注意。

第一：对“是”字的理解要正确，“是”字不能理解为“等于”。比如下面这个派生关系。

```
class Horse : public Animal{...};
class Bull : public Animal{...};
```

马和牛都派生自动物类，曾经有人热烈地讨论过 CompareAnimal 函数，如下所示。

```
int CompareAnimal(const Animal& a1, const Animal& a2);
```

当传入一个 Horse 和一个 Bull 的对象时，该 CompareAnimal 又该如何实现？

```
Horse h;
Bull b;
CompareAnimal(h, b);
```

比体重还是比身高呢？因为马和牛没有可比性，因此这样的比较没有意义。但是他们简单地认为马“等于”动物，牛“等于”动物，既然都相等，就应该能拿来进行比较。

正确的理解应该为：“是”指的是一种被包含关系，是“属于”的意思，即前者“属于”后者的一类。比如我们所描述的学生是人、小轿车是车，都是指前者属于后者。即：学生属于人、小轿车属于车。

第二：公有继承的派生类和基类必须满足里氏替换原则。即所有使用基类对象的地方，都可以使用派生类对象进行替换。比如下面 Android 框架中，自定义的 MyActivity 派生自 Activity。

```
public class MyActivity extends Activity {
    @Override
    public void onCreate(Bundle savedInstanceState) {
    }
}
```

系统启动时重写的 onCreate 方法会被回调，就是因为满足了这一原则。框架代码中操作的是 Activity 类，但传入的实际上是 MyActivity 的对象。以下代码描述了主要调用关系，剔除了无关代码。

```
private Activity performLaunchActivity(ActivityClientRecord r,
                                        Intent customIntent) {
    ……
    Activity activity = null;
    activity = mInstrumentation.newActivity(cl,
                     component.getClassName(), r.intent);
    ……
    mInstrumentation.callActivityOnCreate(activity, r.state,
                                          r.persistentState);
    ……
}

public class Instrumentation {
    public void callActivityOnCreate(Activity activity,
                                     Bundle icicle) {
        ……
        activity.performCreate(icicle);
        ……
```

```
    }
}

public class Activity extends ContextThemeWrapper {
    final void performCreate(Bundle icicle) {
        ……
        onCreate(icicle);
        ……
    }
}
```

当然，如果不满足里氏替换原则，则不能使用公有继承。比如下面 Penguin（企鹅）类的派生关系。

```
class Bird
{
public:
    virtual void fly() = 0;
};

class Penguin: public Bird
{
public:
    /* 因为企鹅不会飞，不能定义 fly 函数
     virtual void fly() { }
    */
};
```

因为企鹅不会飞，因此不能给 Penguin 类定义 fly 函数。由于作用于 Bird 类上的 fly 函数不能作用于 Penguin 类，不满足里氏替换原则，因此不能使用公有继承描述二者的关系。

需要特别注意的是，一些在现实中看似合理的派生关系，用代码描述不一定合理。在“法则 25：正确理解面向对象设计”一节中将对这个话题展开进行讨论。

法则 05：补充注释

代码的一部分功能是给机器执行，另一部分就是供人阅读。注释则只是供人阅读，它是代码的必要补充。在一个大型软件系统的开发维护周期中，会存在同一时期有多个人维护同一个模块的情况，另外还会有不同人在不同时期维护同一个模块的情况。尤其是后者，软件设计师之间跨越时空的交流都依托代码和注释来完成。

忘记传统软件工程中所说的那些所谓文档吧，在我的职业生涯中从来没有仅仅通过学习某份文档就完全掌握某份代码的经历，而是通过不断地去“啃”代码才达到对其完全掌握的程度。一种新兴的软件理论也认为代码就是设计，代码就是文档，而注释也承载着这样的功能。

当代码发生变化时，如果要同时维护（修改）代码和文档两个地方，那这样的文档就是没有必要的，而要把相应内容放到代码里，以注释的形式存在。一份与代码不一致的文档会给人造成更大的麻烦，还不如没有。总之随时把握这一原则：一次需求变更只集中修改一个地方。当然文档并非完全一无是处，一些提纲挈领的 UML 类图和时序图也是必不可少的，它对代码阅读者掌握系统框架会有很大帮助。

以下是写注释时的一些注意事项。希望读者能有效利用好注释这种表达方式，向代码阅读者传递更为有效的信息。

- **不用注释描述代码在“做什么”**

我曾经参与过的一个项目要求注释率不得低于 30%，这样的要求简直令人沮丧。项目代码中类似下面这样令人哭笑不得的注释屡见不鲜。

```
num++;  //num 自增 1
```

实际上项目组做这个要求的出发点是好的，就是希望提高代码可读性。然而当对某一项指标进行考核时，往往这样的考核就会变质。注释是代码的必要补充，但它们之间并没有一个必然的量化关系。正如写文章一样，有的人行文啰唆，一件事情翻来覆去说了一大堆；有的人则言简意赅。总之能把一件事情说清楚就行。

新的编程观点也在强调代码能“自注释”，这可以避免冗余注释，提高代码的可读性。当不得不用注释来说明一段代码在“做什么”时，应该考虑将这些代码封装为一个新的函数，并用函数名说明其在“做什么”。下面这个例子摘自 Linux 内核，在 Linux-2.6.10 版本中，函数 copy_page_range 的代码是这么写的（实际上从 Linux-2.4.0 版本开始这个函数的结构一直是这样）。

```
int copy_page_range(...)
{
    ……
    for (...) {
        ……
        /* copy_pmd_range          （复制页面目录）*/
        ……
        do {
            ……
            /* copy_pte_range      （复制中间目录）*/
            ……
            do {
                ……
                /* copy_one_pte    （复制页面表项）*/
                ……
            } while (...);
            ……
        } while (...);
    }
    ……
}
```

该函数的功能是在两个进程间复制一段内存页面。Linux 采用分页式内存管理，因此其步骤为分别对页面目录、中间目录、页面表项的处理。在每一块代码上方，都有说明这部分代码是“做什么”的注释。当然，这些代码还存在另外一些问题：嵌套过深，函数过长。

到了 Linux-2.6.11 版本，我们看到这些代码被重构了。这些注释说明的部分已经被封装为函数，代码也变得简洁，说明代码是“做什么”的注释自然也不再需要，同时嵌套过深，函数过长的问题也一并解决了（在“法则 23：控制函数规模”一节会对该重构方法做进一步说明）。

```
int copy_page_range(...)
{
    ……
    do {
        ……
        err = copy_pud_range(...);
        ……
    } while (...);
    ……
}

static inline int copy_pud_range(...)
{
    ……
    do {
        ……
        err = copy_pmd_range(...);
        ……
    } while (...);
    ……
}

static inline int copy_pmd_range(...)
{
    ……
    do {
        ……
        err = copy_pte_range(...);
        ……
    } while (...);
    ……
}
```

- **用注释说明“为什么”**

代码的自注释已经能描述其在“做什么”，但是作者在写代码时是基于什么样的考虑，为什么要把代码写成这样？这一类的表达通过代码本身是无法实现的。注释就成了一个有益的补充，用其来说明“为什么”这么写，可以帮助维护人员准确理解这部分代码。

还是举一个 Linux 内核中的例子，以下代码摘自 Linux-2.4.0 版本内核。

```
void ll_rw_block(int rw, int nr, struct buffer_head * bhs[])
{
        ……
        /* Only one thread can actually submit the I/O. */
        if (test_and_set_bit(BH_Lock, &bh->b_state))
            continue;
        ……
}
```

ll_rw_block 尝试将一些记录块（对应一块存储介质的内容）写入设备驱动，其中调用了 test_and_set_bit，根据代码本身就能知道这里是要将记录块加锁，加锁成功就继续后续的处理，加锁失败就 continue。test_and_set_bit 的功能是先判断记录块是否加锁，如果已经加锁就返回 1，说明其他线程已经对该记录块进行加锁；如果没有加锁，则对其进行加锁并返回 0。但为什么要将记录块加锁？恐怕没有设备驱动开发背景的人就不太明白，因此代码上方做出了“为什么”的解释：对于同一个记录块，只能有一个线程对其进行 submit（submit 是指后面将会调用的 submit_bh 函数将记录块提交给设备驱动层）。这样一来，阅读者就很容易理解代码的意图了。

- **避免冗余注释**

冗余注释和冗余代码一样，在一次修改时要同步修改多个地方，也增加了阅读成本。下面这个例子是某个项目对函数头注释的格式要求。

```
/**********************************************
* 函数名称:
* 功能描述:
* 输入参数:
* 输出参数:
* 返 回 值:
* 其他说明:
* 修改日期     版本号     修改人        修改内容
* -----------------------------------------
*
***********************************************/
```

要填的信息较多，但多数都没有必要。首先看“函数名称”，实际上这段注释放在哪个函数的上方，那肯定是对这个函数的描述。如果出现不一致，那肯定是复制粘贴以后没有修改完全，因此这一项是冗余的。

函数名的自注释主要就是描述其功能，但是也不排除有的时候只靠函数名可能会描述不准确，因此“功能描述”这一项可以保留，当函数名自注释描述不完全的时候再进行补充说明。

“输入参数”和“输出参数”这两项完全没有必要。一个函数哪个是入参（输入参数）哪个是出参（输出参数），完全可以通过代码辨别。另外一个更好的方法是运用编程语言的语法来描述这个信息，比如 C++可以用 const，Java 可以用 final 来表示一个参数是入参。另外对于参数的说明是有必要进行注释的，但建议不要放在函数头，而是直接放在参数的旁边。注释应该放在其所描述的代码附近，最好代码和注释都能在同一屏中显示。如果距离较远可能不容易被人读到，而且修改时容易遗漏。

至于“返回值”则分两种情况：如果该函数是一个对外接口，则有必要详细描述，比如什么情况返回成功，什么情况返回失败等；如果该函数是模块内部的一个函数，则只需要进行简单说明，或者通过函数名的自注释就能知道其返回值的信息。

“其他说明”可以改为“注意事项”，主要是给其他人看的。同一项目的其他人员可能会调用该函数，调用前有哪些预置条件，调用后需要注意什么善后工作等都可以在这里进行描述。

至于“修改日期”“版本号”这些信息放在这里太过烦琐，直接在代码改动的地方注释即可。另外这个注释风格不够简洁，用了很多的“*”号，可以进行简化。最终我们得到的函数头注释如下所示。

```
/*
*
*/
```

这已经到了极简模式。把“功能描述”“返回值”“注意事项”这些信息中较为重要的说清楚即可。另外千万不要模板化地写成如下样式。

```
/*！！！不要写成这样！！！
* 功能描述:
```

```
* 返回值:
* 注意事项:
*/
```

这样容易导致冗余信息、导致很多复制粘贴、导致很多修改遗漏。

● **不要的代码先注（注释）掉，别着急删**

在小的迭代开发过程中，写代码时做加法是一个较好的方式。删除代码时将其注掉并写明原因，而不要直接将代码删除。因为这样能够让你的每一次修改都留有痕迹。比如下面的例子要删除对 do_some_thing 的调用，先将这个地方注掉。

```
/* 不再支持该功能, liminyu 2012-5-27
do_some_thing(); */
```

这样做的好处是当你回顾代码时，能帮助你回忆之前修改代码的过程。

另外还有一个优点。在一些大型项目中往往采用多级代码管理的方式，整个项目被划分成多个子系统，每个子系统由对应的小组进行开发维护。代码首先提交到本小组的开发分支，做好自测及持续集成后，再由专人统一合入主干。在合并代码时，如果在代码比较工具（如 Beyond Compare）中出现图 1-3 所示的代码片段，合并代码的人就会产生疑惑。对于这样没有任何注释的删除，合并人员不太敢轻易向主干提交，往往还需要找开发当事人进行确认。

```
do_some_thing();
```

图 1-3　缺少注释的代码删除

此外还有可能一个模块同时被多个版本使用，出现需要同时维护多个分支的情况。当某个分支的修改需要同步到其他分支时，在进行代码比较时能更加清楚地知道修改的内容，因此图 1-4 所示的方式更为清晰。

```
                        /* 不再支持该功能, liminyu 2012-5-27
do_some_thing();        do_some_thing();*/
```

图 1-4　补充了注释的代码删除

当然，这种方法长期下来会积累很多垃圾代码。通常的做法是在项目进行到一定阶段时，再统一对这些垃圾代码进行清理（直接删除）。

● **强调修改时的注意事项**

能为将来的维护者着想是一个优秀软件设计师的职业素养。一个大项目中某个模块可能会经历几代开发者，如果模块中存在某些“机关”，而后来的人没能完全掌握的话，很可能会“踩雷”，代码稍作修改就引入问题。这是非常令人沮丧的。

在代码中难免会存在一些特定的约束或者一些“坑”，修改时容易导致错误。前任开发者需要把这些注意事项都以醒目的方式写在注释中，以提醒后继的开发者，避免引入问题。

下面用 Linux-2.4.0 中的代码进行举例。

```
/*
* Note that while the flag value(low two bits)for sys_open means:
 *      00 - read-only
 *      01 - write-only
 *      10 - read-write
 *      11 - special
 *it is changed into
 *      00 - no permissions needed
 *      01 - read-permission
 *      10 - write-permission
 *      11 - read-write
 * for the internal routines (ie open_namei()/follow_link()
* etc). 00 is used by symlinks.
*/
struct file *filp_open(const char * filename,int flags,int mode)
{
   ......
   error = open_namei(filename, namei_flags, mode, &nd);
   ......
}

/*
 *  open_namei()
 *
 * namei for open - this is in fact almost the whole open-routine.
```

```
 *
 *Note that the low bits of "flag" aren't the same as in the open
 *system call - they are 00 - no permissions needed
 *                        01 - read permission needed
 *                        10 - write permission needed
 *                        11 - read/write permissions needed
* which is a lot more logical,and also allows the "no perm" needed
 * for symlinks (where the permissions are checked later).
 * SMP-safe
 */
int open_namei(const char* pathname, int flag, int mode, ...)
{
    ……
}
```

请留意 filp_open 和 open_namei 函数头注释中的黑体部分。这两个函数存在调用关系，前者会调用后者，而且两个函数都有一个入参 flag。但是 flag 在两个函数中的含义是不一样的，为避免混淆，开发者在两个函数头的注释里都做了详细的说明。第一个 flag 来自系统调用 sys_open，其取值为：00—只读、01—只写、10—读写、11—特殊值。而 open_namei 是内部函数，其 flag 的取值为：00—不需要权限、01—需要读权限、10—需要写权限、11—需要读写权限。两个参数都叫 flag 但是含义不一样，而且又存在直接调用关系，容易引起混淆。因此开发者在这里用大量的篇幅进行了注释说明。

当然在实际的编程工作中，应该避免这类混淆，因为注释难免被人忽略，用注释只是在不得已的时候。我们很高兴地看到在 Linux-3.11.0 内核中，这个问题得到了很好的解决。代码如下。

```
static int atomic_open(...)
{
    … …
    unsigned open_flag = open_to_namei_flags(op->open_flag);
    … …
}
```

用 open_to_namei_flags 将两个参数进行转换，并且使用了一个新的局部变量 open_flag。这样有效地避免了混淆，也无须再花费大量的注释说明注意事项。毕竟注释是一种约束性相对比较“弱”的表达方式，编译和运行程序都无法发现注释里的错误，只在不得已的时候才使用。那么还有没有其他更好的方法呢？答案是：有。

方法一：如果所在的项目有持续集成进行单元测试，那么应编写单元测试用例来保证代码功能的正确性，如果有其他人修改代码引入错误，测试用例就会报错，提示修改人检查并修正错误。

方法二：增加代码看护。此方法将在“法则 20：代码看护”一节中进行介绍。

● **用中文还是用英文**

我刚到 H 公司时一位老员工建议我用英文写注释，理由是将来外籍研发人员可能看不懂中文注释。这令我感到很惶恐，因为我对自己的英文水平没有信心。不过好在项目组没有强制地要求，因此我仍一直用中文写注释并平安地渡过了几年。直到离开 H 公司时也没有等来一位外籍研发人员。

但时至今日，从 H 公司开源的鸿蒙操作系统源码中看到，其注释已经全都使用英文，因为该操作系统已经成为一个面向全世界开放的系统。比如下面这段注释描述得非常详细。

```
/* attach to a file and then set new status */
static struct file *_los_attach_file (int fd, UINT32 status)
{
    struct file        *file = NULL;

    if ((fd < 0) || (fd >= LOS_MAX_FILES))
    {
        VFS_ERRNO_SET (EBADF);
        return file;
    }

    file = _fd_2_file (fd);

    /*
     * Prevent file closed after the checking of:
     *
```

```
 *     if (file->f_status == FILE_STATUS_READY)
 *
 * Because our files are not privated to one task, it may be operated
 * by every task.
 * So we should take the mutex of current mount point before
   operating it,
 * but for now we don't know if this file is valid (FILE_
   STATUS_READY), if
 * this file is not valid, the f_mp may be incorrect. so
 * we must check the status first, but this file may be closed/
   removed
 * after the checking if the senquence is not correct.
 *
 * Consider the following code:
 *
 * los_attach_file (...)
 * {
 *     if (file->f_status == FILE_STATUS_READY)
 *     {
 *         while (LOS_MuxPend (file->f_mp->m_mutex, LOS_WAIT_
             FOREVER) != LOS_OK);
 *
 *         return file;
 *     }
 * }
 *
 * It is not safe:
 *
 * If current task is interrupted by an IRQ just after the
   checking and then
 * a new task is swapped in and the new task just closed this file.
 *
 * So <fs_mutex> is acquire first and then check if it is valid:
   if not, just
 * return NULL (which means fail); If yes, the mutex for current
   mount point
 * is acquired. And the close operation will also set task to
 * FILE_STATUS_CLOSING to prevent other tasks operate on this
```

```
        file (and also
     * prevent other tasks pend on the mutex of this mount point
        for this file).
     * At last <fs_mutex> is released. And return the file handle
         (struct file *).
     *
     * As this logic used in almost all the operation routines, this
        routine is
     * made to reduce the redundant code.
     */

     while (LOS_MuxPend (fs_mutex, LOS_WAIT_FOREVER) != LOS_OK);

    ......
}
```

在_los_attach_file 中要关联一个文件时，需要使用如下方式进行文件加锁。

```
while (LOS_MuxPend (fs_mutex, LOS_WAIT_FOREVER) != LOS_OK);
```

并用了大量篇幅描述为什么不能用下面这样简单的 if 判断。

```
if (file->f_status == FILE_STATUS_READY)
```

注释是一种表达方式，表达就要考虑读者能否理解，如同白居易的诗。目前国内绝大部分软件项目都是国内的研发人员在开发，如果没有特殊的要求，建议还是使用中文进行注释，因为使用母语表达更加得心应手。但如果有类似鸿蒙系统这样面向全世界的开源项目，则需要使用英文，这样能更好地让外籍研发人员参与进来。

第 2 章：可靠性

产品质量和可靠性息息相关。有的软件经常会崩溃、有的功能时好时坏、有的系统隔一段时间就得做一次重启。这都是可靠性不高的表现。

软件的可靠性和每一行代码都息息相关。任何一位软件设计师都有可能把软件搞崩溃，因为稍有疏忽就可能出现非法指针、内存错误等问题，而这类问题都是致命性的。因此每一位软件设计师都要对可靠性心存敬畏之心，对每一行代码的质量负责。

系统的可靠性除了代码层面的可靠性外，还包含其他方面的内容，比如子系统间的核查、自愈、容错、容灾等方面。影响系统可靠性的因素非常多，抛开系统自身的因素，就外部因素而言又包含各种场景。比如网络延时、丢包、中断、非预期的输入、流量激增、系统断电、硬件故障等。不过这些因素已经超出了本书所讨论的范畴……

本章仅就编程阶段一些与可靠性相关的细节给读者一些提示，希望读者能从基础的地方筑牢系统可靠的防线。

图 2-1 赵州桥

建于隋朝的赵州桥，历经 1400 多年仍然屹立不倒，是我国古代工匠们智慧的结晶。

法则 06：增强健壮性

本节所列举的问题都属于“低级”错误，越是低级的错误就越不应该犯。它并不是多么高深的东西，只要多加小心就能避免。

● **数组下标保护**

数组下标越界是一个常见的错误。比如下面的代码。

```
const int BUF_LEN = 100;
int buf[BUF_LEN];
int pos = GetPos();

buf[pos] = 1; //危险的操作
```

该数组 buf 下标的合法范围是[0, 99]，如果 pos 的值不在这个合法范围内，执行最后一行赋值语句后会发生不可预知的错误。对于 C/C++而言，有可能不会立即出现异常，而是把“其他的”内存破坏了。如果 buf 定义为一个局部变量，则堆栈可能被破坏，程序返回时会出现异常。如果 buf 定义为一个全局变量，则会“踩”别人的内存，当这块被“踩”的内存被使用时才会出现问题，而且这类问题往往很难定位。对于 Java 而言情况会好一点，在执行越界访问的语句时程序就会抛出异常。

不管怎样，养成良好的数据保护意识非常重要。对于数组访问，在访问前必须进行数组下标的合法性检查，代码如下所示。

```
if( pos >= 0 && pos < BUF_LEN ){
    buf[pos] = 0;
}else{
    logstr("pos %d invalid!", pos);
}
```

● **拒绝不安全的 API**

这类问题在 C/C++中较为常见，比如 strcpy、strcat、sprintf 这些函数就是不安全的。

```
char buf[BUF_LEN];
strcpy(buf, src);
```

比如上面代码，当src中含有的字符个数大于或等于BUF_LEN时，就会导致内存被破坏，出现不可预知的错误。因此在内存操作时必须确保安全。

```
char buf[BUF_LEN] = {0};
strncpy(buf, src, sizeof(buf) - 1);
```

strncpy在复制时会进行目标地址的长度限制，即使src中的字符个数过多，最多也只会复制sizeof(buf)-1个字符到buf中。同时需要注意，第3个参数不能设为整个空间的大小sizeof(buf)，要留1个字节放字符串末尾的'\0'。

也许这些API就不该被“发明”出来，它们都有一个共性，就是在内存操作时，对目标地址的空间没有做安全性保护。在编程时应该避免，甚至应该写到编程规范中加以杜绝。

- **慎用递归算法**

递归算法写起来很简单，但想用好却不容易。最主要的原因是递归的深度不好控制，容易出现堆栈溢出和死循环的问题。因此有的项目在编程规范中明确说明禁用递归算法，要求一律改为非递归算法。这样的要求有点矫枉过正。在使用递归算法时，留意以下几个关键点，可以避免很多问题。

首先把退出条件放在函数最上方，这样比较清晰，防止程序一直不满足退出条件而导致堆栈溢出。

```
int RecursiveAlgorithm(...)
{
    if( 满足退出条件 )  //优先判断退出条件
        return 0;
    ……
}
```

其次，也是最重要的一点，要避免在递归函数中出现过大的局部变量，这会加速堆栈空间的消耗。

```
int RecursiveAlgorithm(...)
{
```

```
    char buf[1024];  //不能有过大的局部变量
    ……
}
```

出现这种情况时需要优化算法加以避免，实在不能避免则采用动态申请内存的方式替代。

```
int RecursiveAlgorithm(...)
{
    char* buf = new char[1024];  //动态申请，不占用堆栈空间
    ……
}
```

此外，还要留意一些隐式的递归调用。这个案例源于我开发的一个 Windows 程序。其中有个消息处理函数，主要代码如下所示。

```
BEGIN_MESSAGE_MAP(CMainFrame, CFrameWndEx)
    ON_MESSAGE(WM_MY_MESSAGE, &CMainFrame::OnMyMessage)
END_MESSAGE_MAP()
LRESULT CMainFrame::OnMyMessage(WPARAM wp, LPARAM lp)
{
    char buf[2048];
    ……省略其他处理
    SendMessage(WM_ANONYTHER_MSG, buf, 0);
}
```

OnMyMessage 为 WM_MY_MESSAGE 消息的处理函数，这里省略了其他代码，只保留了两个关键的地方。一个是其内部定义了一个局部变量 buf，大小为 2048；另一个是调用 SendMessage 发送另一个消息。测试中发现堆栈溢出的现象，而崩溃的地方就在 OnMyMessage 里。这个现象比较奇怪，因为 OnMyMessage 并没有被其他地方直接调用，只有这一个消息响应的入口，发送消息的地方也都是在其他线程里通过 SendMessage 发送。而且 SendMessage 是同步消息，要等到该消息处理完成后才会返回，因此不应该出现函数重入的情况。

通过观察堆栈发现，OnMyMessage 确实重入了多次，而其中的局部变量又比较大，从而导致了堆栈溢出。那么问题来了，既然 OnMyMessage 没有递归调用，为什么会像递归调用一样被重入了多次？原因就出在

OnMyMessage 里调用了 SendMessage(WM_ANONYTHER_MSG)。

实际上调用 SendMessage 之后，在主线程阻塞等待 WM_ANONYTHER_MSG 响应时，还是可以再继续处理消息队列上的其他消息。但如果此时消息队列上有大量的 WM_MY_MESSAGE，而 WM_ANONYTHER_MSG 的响应又比较慢时，那么主线程就会不断地处理 WM_MY_MESSAGE，从而重复地调用 OnMyMessage，造成了一种类似递归调用的现象，最终导致堆栈溢出。

此类问题的修改方法也比较简单，只需将下面 OnMyMessage 里的局部变量改为动态申请即可，代码如下。

```
LRESULT CMainFrame::OnMyMessage(WPARAM wp, LPARAM lp)
{
    char* buf = new char[2048];
    ……省略其他处理
    SendMessage(WM_ANONYTHER_MSG, buf, 0);
}
```

法则 07：避免过度防御

非法指针是 C/C++程序中最令人头痛的问题之一。你也许会有类似的习惯，在函数入口即对指针的合法性进行检查。代码如下。

```
int los_open (const char *path, int flags)
{
    struct file             *file = NULL;
    int                     fd = -1;
    const char              *path_in_mp = NULL;
    struct mount_point      *mp;

    if (path == NULL)  //对指针的合法性进行检查
    {
        VFS_ERRNO_SET (EINVAL);
        return fd;
    }
    ……
}
```

即使在调用该函数前已经做过一次检查。代码如下。

```
int read_file(const char *name, char *buff, int len)
{
    int fd;
    int ret;

    if(name == NULL || buff == NULL || len <= 0)
    {
        FS_LOG_ERR("invalid parameter.");
        return -1;
    }
    fd = los_open(name, O_RDONLY);
    ……
}
```

这两处检查都属于过度防御，完全没有必要。首先，参数的合法性应该由调用者保证。可以参考一些参数为指针的 API，比如 strncpy，当对其强制传入一个空指针时，程序并不会悄无声息，而是会抛出异常。

```
strncpy(NULL, "aa", 2);  //强制传入 NULL，程序会抛出异常
```

因为这样的参数已经违反了接口的规约，函数内部不知道该如何处理，只能抛出异常让程序崩溃。

此外，就指针而言，哪些属于非法指针，哪些属于合法指针其实很难界定。对于上面的例子，假设调用者强制传入一个“1”，其实程序也会崩溃。

```
read_file((const char *) 1, buf, 64);
```

空指针只是非法指针中的一种而已，对于其他情况更是防不胜防，关键要划清责任范围。

过度防御还会造成大量冗余代码，因为很多类似这样的分支是永远不会执行的。

```
int los_open (const char *path, int flags)
{
    ……
    if (path == NULL)
    {
        return fd; //该分支永远无法执行，因为不可能传入空指针
    }
    ……
}
```

更令人沮丧的是，过度防御可能会增加某些问题定位的难度，因为没有在出现问题的“第一现场”暴露问题。假设一个交易系统中定义了一个带有过度防御功能的 StrNCpy 函数。代码如下。

```
char *StrNCpy(char *dst, const char *src, size_t len)
{
    if(dst == NULL || src == NULL)
    {
        return NULL;
    }
    ……省略字符复制代码
```

```
}
```

在交易成功后需要保存订单，SaveOrder 中使用了 StrNCpy 进行字符串复制，组装了一个 Order 数据结构，并调用 DB_SaveOrder 存入数据库。代码如下。

```
struct Order{ //订单结构
    char orderId[MAX_LEN]; //订单号
    char companyName[MAX_LEN]; //公司名称
    ……//省略其他字段
};

int SaveOrder(char* orderId, char* companyName)
{
    struct Order od = {0};
    StrNCpy(od.orderId, orderId, MAX_LEN-1);
    StrNCpy(od.companyName, companyName, MAX_LEN-1);
    ……
    return DB_SaveOrder(&od);
}
```

假设由于某个 bug（漏洞）导致上层传入的“公司名称”companyName 为一个空指针 NULL。由于 StrNCpy 的过度防御，该函数“悄无声息”地执行完毕，让 SaveOrder“误以为”数据复制成功，并将信息写入数据库。

当消费者想要根据这张订单开具发票时，结果发票开具失败。

```
int MakeInvoice(char* orderId)
{
    struct Order od;
    DB_ReadOrder(orderId, &od);
    string rspMsg = MakeInvoiceProcess(&od);
    logstr("make invoice rsp:%s\n", rspMsg.c_str() );
    ……
}
```

通过分析发现数据库中该订单的“公司名称”字段没有内容，这是导致发票开具失败的直接原因，因为购方企业名称是发票开具流程中的必填参数。

```
make invoice rsp:开票失败！错误原因：购方名称不能为空
```

这个字段为什么没有内容？是一开始就没有？还是后来被误删除了？这需要翻阅大量的日志，才能分析定位该问题。但如果改用符合接口规约的 API 函数，那么在保存订单时程序就会抛出异常，及时暴露问题，像上述那样不完整的订单信息就不会写到数据库中。以下代码中将 StrNCpy 替换为 strncpy。

```
int SaveOrder(char* orderId, char* companyName)
{
    struct Order od = {0};
    strncpy(od.orderId, orderId, MAX_LEN-1);
    strncpy(od.companyName, companyName, MAX_LEN-1);
    ……
    return DB_SaveOrder(&od);
}
```

那么正确的保护方法应该是什么？答案是：在可能出错的地方进行保护，做“正当防卫”。比如上面的例子中，假设入参 name 是通过 new 动态申请的。

```
const int name_len = 32;
char* name = new char[name_len];
if( ! name){ //需要保护，new可能失败返回NULL
    logstr("new fail.");
    return -1;
}
err = get_file_name(name, name_len);
if(err){
    logstr("get_file_name fail. err=%d", err);
    return err;
}
read_file(name, buf, buf_len);
```

new 申请动态内存可能会失败，因此需要在申请返回后进行保护。

当然 Java 语言情况稍好一些，new 不会返回 null，因此不需要类似的保护。但有一种情况需要注意，如果一个对象是通过某个方法获取到的，就需要关注该方法是否可能失败，如果是就需要在返回的地方加以保护。

```
MyData data = FindMyData();
if(data == null){  //FindMyData可能返回null，因此需要保护
    return;
}
```

法则08：防止不确定性

“在我的计算机上是正常的啊！”——这是程序员最爱说的口头禅之一。

有些bug在你的机器上不会出现，但到了客户那里就总是出现。这种情况很可能是代码中存在“不确定性”，导致不确定性的原因有很多，下面通过一个例子进行说明。

假设一个程序需要对一个被压缩后的配置文件进行解析。在ExctractFile函数中首先调用UnzipFile将压缩文件解压，然后将解压后的文件打开，再对其进行后续操作。代码如下。

```
int ExctractFile(const char* srcFile)
{
    ……
    int err;
    err = UnzipFile(srcFile, tmpFile);
    if(err){
        logstr("ExctractFile %s fail.err=%d", srcFile, err);
        return err;
    }

    FILE* fp = fopen(tmpFile, "a");
    if( !fp){
        logstr("open %s fial.err=%d",tmpFile,GetLastError());
        return -1;
    }
    //继续后续处理，此处省略……
}
```

由于开源工具7z.exe提供了以命令行方式解压文件的功能，因此开发人员采用了直接执行7z.exe对文件进行解压的办法。代码如下。

```
int UnzipFile(const char* srcFile, const char* dstFile)
{
    SHELLEXECUTEINFO shellinfo;
……//省略了对 shellinfo 的赋值（主要是设置 7z.exe 及其参数，这不是重点）
    BOOL bOk = ShellExecuteEx(&shellinfo);
```

```
    if( ! bOk){
        logstr("Execute fail. error=%d srcFile:%s dstFile:%s",
                GetLastError(), srcFile, dstFile);
        return -1;
    }
    return 0;
}
```

由于 ShellExecuteEx 是一个异步函数，即该函数只是将 7z.exe 启动后就返回了，并没有等 7z.exe 执行完成，因此在调试时发现 ExctractFile 中的 fopen 函数总是失败。错误原因是“文件不存在”或“文件被占用”，这表明此时 7z.exe 还没有执行完成。那么既然它没执行完成，索性就“等”它一会儿吧。于是在 UnzipFile 中的 ShellExecuteEx 后面增加了一行 Sleep 代码。并且经过调试发现，解压其实很快，通常在 1s 以内就能完成。但为了安全起见，索性再多等一会儿，就等 2s。于是增加了下面黑体部分代码。

```
int UnzipFile(const char* srcFile, const char* dstFile)
{
    SHELLEXECUTEINFO shellinfo;
……//省略了对 shellinfo 的赋值（主要是设置 7z.exe 及其参数，这不是重点）
    BOOL bOk = ShellExecuteEx(&shellinfo);
    if( ! bOk){
        logstr("Execute fail. error=%d srcFile:%s dstFile:%s",
                GetLastError(), srcFile, dstFile);
        return -1;
    }

    Sleep(2000); //等待 2s，等 7z.exe 执行完成
    return 0;
}
```

但是程序在用户那运行得并不顺畅，有时候还是会出现“文件不存在”或“文件被占用”的错误。究其出错原因是进程的调度和操作系统运行时的负载有很大关系。当系统 CPU 占用率较高时，7z.exe 的执行有可能会变慢，因此导致了 2s 后其还是没有执行完的情况。

这时你也许会说，既然 2s 不够，那不妨再加大一些。但要注意，这不

是解决问题的正确方案，增大等待时间只是会降低问题出现的概率，但是无法彻底解决问题。其实针对这个问题，正确的方案还是采用“等”的方法，只不过不用 Sleep，而是在 ShellExecuteEx 之后调用 WaitForSingleObject 进行等待，该函数会一直阻塞到 7z.exe 运行完成才会返回。

```
int UnzipFile(const char* srcFile, const char* dstFile)
{
    SHELLEXECUTEINFO shellinfo;
……//省略了对 shellinfo 的赋值（主要是设置 7z.exe 及其参数，这不是重点）
    BOOL bOk = ShellExecuteEx(&shellinfo);
    if( ! bOk){
        logstr("Execute fail. error=%d srcFile:%s dstFile:%s",
                GetLastError(), srcFile, dstFile);
        return -1;
    }
    //采用确定的等待方式
    WaitForSingleObject(shellinfo.hProcess, INFINITE);
    return 0;
}
```

这个问题的实质是想用 Sleep 去进行某种流程控制，然而这个想法本身是不可靠的。因为不同的运行环境，需要等待的时间是不确定的。如果代码中用了 Sleep 并且是用于某种流程控制的话，那需要优化使用确定的判断条件以避免不确定性。

实际上还有一种不确定性就是动态申请内存，比如 new 或 malloc。一方面动态申请内存可能会失败。如果算法或某个流程要依赖一片动态申请的内存，那么在系统内存资源紧张的情况下其可能会失败。另一方面动态申请内存的执行时间是不确定的。当系统可用内存充足时，函数能很快成功返回。但是如果可用内存不足，该函数可能触发系统的内存页面交换，会涉及磁盘 I/O，因此会执行较长时间。如果程序对实时性要求很高，在这种情况下可能会导致流程失败。

针对这两种情况，需要避免动态申请内存。好的解决方法是对程序所需要申请的内存有一个准确的计算，在程序启动时就把它们全部申请好，在运行过程中直接使用，避免运行时申请导致的失败。

法则 09：善始善终

互斥锁的加锁解锁和动态内存的申请释放都较难驾驭且容易出错。所幸我在 Z 和 H 公司所写的代码都有意或无意地避免了这两个问题。一方面当时所涉及的是基于 VxWorks 的嵌入式编程，在任务调度方面系统控制层做了限制，每个任务处理完后才会调度另一个任务运行，因此避免了任务并发的情况，也就无须对临界资源进行加锁。另一方面，嵌入式系统对实时性要求很高，系统中所需要的内存都在初始化时全部申请完成，并且一直不释放直到系统关机。我们称这样的内存为静态内存，因此也就绕开了动态申请和释放内存的情况。

但在应用系统中多线程编程不可避免，系统并发时需要对临界区访问进行控制。比如对一个公共链表中元素的插入和删除，如果不进行锁控制，当多线程并发对其操作时，可能造成对链表的破坏，最终导致程序异常。锁临界区时要把握以下几点。

- **最小化原则**

临界区的代码应该是最小化的。从加锁到解锁的这段代码，应该只包括必需的操作，任何多余的操作都要剔除到临界区外。比如下面的 InsertRecordsToTable 函数首先拼装 SQL 语句，然后调用 ExecuteMySQLQuery 执行 SQL 语句。但这个场景只需要对数据库操作进行加锁，拼装 SQL 语句的流程是无须加锁的，因此在 ExecuteMySQLQuery 的前后加锁解锁即可。

```
int InsertRecordsToTable(...)
{
    //Lock(); 不能放在这里 lock，会锁住非必要的流程
    string execSQL = "INSERT into ";
    execSQL += TableName + "(";

    string sField;
    string sVal;
    size_t cnt = vKeyVals.size();
    for (size_t i=0; i<cnt; ++i) {
        sField += vKeyVals[i].first;
```

```
        if (i < cnt - 1) {
            sField += ",";
        }

        sVal += "\'";
        sVal += vKeyVals[i].second;
        sVal += "\'";
        if (i < cnt - 1) {
            sVal += ",";
        }
    }
    execSQL += sField + ") values (" + sVal + ")";

    Lock();
    err = ExecuteMySQLQuery(ssock, execSQL));
    UnLock();

    return err;
}
```

此外锁的粒度要准确，在需要针对某个对象加锁的地方，就不要使用针对类的锁（会锁住类的所有对象），这样会把更多的线程锁在外面，影响效率。

- **所有异常分支都要解锁**

加锁和解锁的操作要放在同一个函数里，这样易于维护。同时在每个异常分支 return 之前都需要解锁。当函数异常分支较多时，只要其中一个分支忘了解锁就会出现死锁，这是一个容易出错的地方。对于 Java 可以使用 finally 分支，因为函数在 return 之前，不管什么场景都会进入 finally 分支。

```
void javaFunction()
{
    lock.lock();
    try {
        //流程处理
    }catch (Exception e) {
        //异常处理
    }finally{
```

```
        lock.unlock();  //在 finally 分支解锁，不会遗漏
    }
}
```

如果是C/C++,建议使用goto到函数末尾统一解锁,不要在中途return。

```
void c_cplusplus_function()
{
    lock(&mylock);
    err = get_some_thing();
    if (err) {
        /* -- 不要使用该方法 --
        unlock(&mylock);
        return; */
        goto finish;  //不要 return，goto 到最后做解锁操作
    }
    ……
finish:
    unlock(&mylock);
    return;
}
```

如果上述代码在每个异常分支都 return 的话，需要在每个分支都进行解锁，这样容易遗漏。

如果是 C++程序，还有一种更简单的办法，只需要一行代码进行加锁，而且不需要解锁操作。但要注意该方法存在一个缺点：无法对锁的粒度进行控制，只能等到函数返回时才会解锁，需要结合实际情况选择使用。

```
void CPlusPlusFunction()
{
    DoLock(mLock);
    //进行程序处理，无须调用解锁函数
    return;
}
```

该方法的实现原理如下：第一行代码 DoLock(mLock)实际上构造了一个临时的锁管理对象，在该对象的构造函数中调用了 mLock 的 Enter 函数进行加锁，同时在析构函数中调用 mLock 的 Leave 函数进行解锁。当

CPlusPlusFunction 运行完成时，该临时锁管理对象会被销毁，其析构函数会被调用，从而保证了对解锁函数的调用。在示例代码中包含了 lock.h 的源代码，读者可以直接使用，其代码如下。

```
#pragma once
#include <atlsync.h>

class CCriticalSectionLock
{
public:
    explicit CCriticalSectionLock(ATL::CCriticalSection &cs)
    {
        m_pCS = &cs;
        m_pCS->Enter();
    }
    ~CCriticalSectionLock()
    {
        m_pCS->Leave();
    }
protected:
    ATL::CCriticalSection* m_pCS;
};
//构造临时锁管理对象
#define DoLock(x) CCriticalSectionLock x##_lock(x)
```

- **避免强制结束线程**

在我们的一个 Windows 应用系统中使用了多线程开发，相关代码类似下面这样。

```
VOID Thread (PVOID pVoid)
{
    while (TRUE)
    {
        DoSomeWork(); //每 100ms 做一些工作。
        Sleep(100);
    }
}
    //启动线程
```

```
    hThread = _beginthread (Thread, 0, NULL) ;
```

由于某些业务场景的需要，在程序运行过程中会在上层直接 kill 这些线程（使用 Windows API TerminateThread 结束线程）。

```
TerminateThread(hThread, 0);
```

然而在 DoSomeWork 的执行过程中，会涉及一些加锁解锁的操作。如果线程刚好做了一个加锁操作，然后就被 TerminateThread 结束了，那么就会导致该锁永远无法释放。当新的线程进行加锁时，就会永远被阻塞。改进的办法是重新设计了线程的退出逻辑，增加一个退出标志。

```
struct Par{
    BOOL bQuit;
};

VOID Thread (PVOID pvoid)
{
    struct Par* par = (struct Par*) pvoid;
    while ( ! par->bQuit) //每次检查退出标志
    {
        DoSomeWork(); //每 100ms 做一些工作。
        Sleep(100);
    }
}
    //启动线程
    struct Par par;
    par.bQuit = FALSE;
    hThread = _beginthread (Thread, 0, &par) ;
```

需要结束线程时，通过设置退出标志让其自行退出。

```
par.bQuit = TRUE;
```

当然，如果在设置该标志时，线程正在 DoSomeWork 中执行，则需等待一会儿。待 DoSomeWork 返回后执行到 while 判断处才能结束循环。虽然达不到立即退出的效果，但却很安全。总之在编写涉及锁的程序时，一定要留意系统及编程语言的特性以便避免类似问题。

上述为加锁解锁时的注意事项，对动态内存的申请和释放则需要注意以下几个原则。

● **谁申请谁释放**

这里所说的“谁”是指模块。比如 A 模块申请了一片内存，就得 A 模块来释放，这样职责清晰便于管理。我曾经还碰到过类似如下所示的代码。

```
class CMyClass
{
public:
    ~CMyClass()
    {
        delete this;  //自己删除自己
    }
};
```

在析构函数中调用了 delete this，相当于自己删除自己。任何对象都是由第三方模块创建的，肯定无法自己创建自己。这里的自己删除自己违反了谁申请谁释放的原则，同时也非常难以维护。

● **申请和释放相匹配**

熟读 API 规范，内存的申请和释放函数需要相互匹配。比如在 C++里，new 申请的内存用 delete 释放；malloc 申请的内存用 free 释放；new[]申请的数组要用 delete[]释放，否则同样会导致内存泄漏。

对于类而言，如果用 new 申请的对象，则用 delete 释放，否则该类的析构函数不会被调用。

```
class C{
public:
    C();
    virtual ~C();
private:
    int _c;
};

    C* c = new C;
```

```
    free(c);    //错误！不匹配，析构函数未被调用
    delete c;   //正确
```

如果是 new[]申请的数组，则需要使用 delete[]释放。如果用 delete 则数组中只有第一个对象的内存会被释放并调用其析构函数。

```
C* c = new C[10];
delete c;        //错误！只有第一个对象会被释放
delete[] c;      //正确
```

总之如果申请和释放的 API 不匹配，程序运行时可能不会报错，但会存在资源没有被完全释放的情况，导致内存泄漏。

- **留意 GDI 资源**

Windows 程序设计中 GDI 资源和内存申请一样，如果没有正确地释放 GDI 资源，同样会造成 GDI 资源泄漏，严重时会影响整个操作系统。比如 BeginPaint 和 EndPaint 要配对使用。

```
hdc = BeginPaint (hwnd, &ps) ;
    [use GDI functions]
EndPaint (hwnd, &ps) ;
```

GetDC 和 ReleaseDC 要配对使用。

```
hdc = GetDC (hwnd) ;
    [use GDI functions]
ReleaseDC (hwnd, hdc) ;
```

CreateDC 和 DeleteDC 要配对使用。

```
hdcMem = CreateCompatibleDC (hdcEMF) ;
    [use GDI functions]
DeleteDC (hdcMem) ;
```

这类问题容易被忽视且难以发现，可以在 Windows 任务管理器中把 GDI 对象勾选上，这样在进程运行的过程中可以查看 GDI 对象的使用数量。如果该数量逐渐变大且没有变小的迹象，则很可能存在 GDI 资源泄漏，此时就需要对代码进行排查。图 2-2 所示为在 Windows 任务管理器中观察到进程 GdiLeak.exe*32 存在 GDI 资源泄漏的例子。

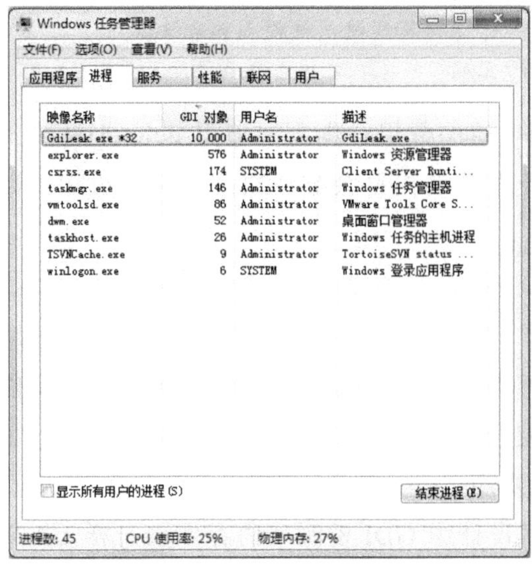

图 2-2　在 Windows 任务管理器中查看进程的 GDI 资源

法则 10：异常处理

幸福的人都是相似的，但不幸的人却各有各的不幸。

程序运行也是如此，如果各个环节都运行正常，那就相安无事；如果其中某个步骤出错，那结果就五花八门了。一个系统的可靠性往往取决于其对异常处理的完备性。合格的软件设计师可以在正常场景下让程序正确运行；而优秀的软件设计师能让程序妥善应对各种异常场景。

如下为 Linux 系统中 C 语言编写的 socket 代码，其功能为：连接 ftp 服务器并获取其欢迎信息，然后发送用户名和密码进行登录。

```
SOCKET ctrl_sock; //control_socket
struct hostent *hp;
struct sockaddr_in server;
memset(&server, 0, sizeof(struct sockaddr_in));

//初始化 socket
ctrl_sock = socket(AF_INET, SOCK_STREAM, 0);
hp = gethostbyname(ftp_server_name);
memcpy(&server.sin_addr, hp->h_addr, hp->h_length);
server.sin_family = AF_INET;
server.sin_port = htons(port);

//连接服务器端
connect(ctrl_sock,(struct sockaddr *)&server,sizeof(server));
//客户端接收服务器端的一些欢迎信息
read(ctrl_sock, read_buf, read_len);

//发送用户名到服务器端。命令格式“USER username\r\n”
sprintf(send_buf,"USER %s\r\n",username);
write(ctrl_sock, send_buf, strlen(send_buf));
//接收服务器响应码和信息，正常为“331 User name okay, need password.”
read(ctrl_sock, read_buf, read_len);

//发送密码到服务器端。命令格式“PASS password\r\n”
sprintf(send_buf,"PASS %s\r\n",password);
```

```
write(ctrl_sock, send_buf, strlen(send_buf));
//接收服务器响应码和信息，正常为“230 User logged in, proceed.”
read(ctrl_sock, read_buf, read_len);
```

如果网络通畅、ftp 服务器工作正常、用户名和密码都正确，那么这段程序可以顺利执行，但这样的代码不能放到软件产品中。要保证软件的健壮性，需要考虑每一个函数执行成功与否。socket 用于创建一个套接字，创建成功后会返回该套接字的句柄，但如果系统资源紧张创建可能失败。gethostbyname 根据主机名获取主机的完整信息，如果主机名错误或者由于网络原因导致主机名无法解析，该函数同样可能返回失败。connect 用于与服务器建立连接，如果有防火墙或者网络不稳定也可能导致失败。read 和 write 用于接收和发送数据，同样可能失败。

实际上在开发过程中软件设计师往往会参考网络或其他资料中的代码，而这类代码侧重讲述某项功能的具体实现，会忽略一些异常处理的部分。在软件产品中使用这些代码时，需要进行一些加工，补充异常处理流程。比如下面两行代码。

```
hp = gethostbyname(ftp_server_name);
memcpy(&server.sin_addr, hp->h_addr, hp->h_length);
```

如果第一行代码 gethostbyname 执行失败，则 hp 赋值为 NULL。第二行毫无保护地访问 hp→h_addr 时，会导致程序异常。

再比如这行代码。

```
connect(ctrl_sock,(struct sockaddr *)&server,sizeof(server));
```

如果之前的 socket 创建失败，则后面的代码再使用 ctrl_sock 进行操作将毫无意义，因此必须判断每一个函数是否执行成功。以下是增加了相应异常处理后的代码。

```
SOCKET ctrl_sock; //control_socket
struct hostent *hp;
struct sockaddr_in server;
int result;
memset(&server, 0, sizeof(struct sockaddr_in));
```

```
/* 初始化 socket */
ctrl_sock = socket(AF_INET, SOCK_STREAM, 0);
if(ctrl_sock < 0){
    logstr("create socket fail. error=%d", ctrl_sock);
    goto OUT;
}

hp = gethostbyname(ftp_server_name);
if( ! hp){
    logstr("gethostbyname fail. server:%s", ftp_server_name);
    goto OUT;
}
memcpy(&server.sin_addr, hp->h_addr, hp->h_length);
server.sin_family = AF_INET;
server.sin_port = htons(port);

/* 连接服务器端 */
result = connect(ctrl_sock, (struct sockaddr *)&server,
            sizeof(server));
if(result < 0){
    logstr("connect fail. result=%d, server:%s, port=%d",
          result, ftp_server_name, port);
    goto OUT;
}

/* 客户端接收服务器端的一些欢迎信息 */
result = read(ctrl_sock, read_buf, read_len);
if(result <= 0){
    logstr("read welcome info fail. result=%d, server:%s",
          result, ftp_server_name);
    goto OUT;
}

/* 发送用户名到服务器端。命令格式 "USER username\r\n" */
sprintf(send_buf,"USER %s\r\n",username);
result = write(ctrl_sock, send_buf, strlen(send_buf));
if(result <= 0){
    logstr("send user fail. result=%d, server:%s, username:%s",
```

```
            result, ftp_server_name, username);
    goto OUT;
}

/*接收服务器的响应码和信息*/
result = read(ctrl_sock, read_buf, read_len);
if(result <= 0){
    logstr("read echo fail. result=%d, server:%s, username:%s",
            result, ftp_server_name, username);
    goto OUT;
}
if(strcmp(read_buf, "331 User name okay, need password.") != 0){
    logstr("user name echo unexpected:%s, server:%s",
            read_buf, ftp_server_name);
    goto OUT;
}

/* 发送密码到服务器端。命令格式 "PASS password\r\n" */
sprintf(send_buf,"PASS %s\r\n",password);
result = write(ctrl_sock, send_buf, strlen(send_buf));
if(result <= 0){
    logstr("send password fail. result=%d, server:%s, pwd:%s",
            result, ftp_server_name, password);
    goto OUT;
}

/* 接收服务器的响应码和信息*/
read(ctrl_sock, read_buf, read_len);
if(result <= 0){
    logstr("read pwd echo fail. result=%d, server:%s, pwd:%s",
            result, ftp_server_name, password);
    goto OUT;
}
if(strcmp(read_buf, "230 User logged in, proceed.") != 0){
    logstr("password echo unexpected:%s, server:%s",
            read_buf, ftp_server_name);
    goto OUT;
}
```

```
……
OUT:
if(ctrl_sock >= 0){
      close(ctrl_sock);
}
```

代码的确变多了，但是不能偷懒，完备的异常处理流程就应该是这样。在某个函数失败时，记录日志并 goto 到末尾进行资源释放。另外在记录日志时尽可能多地记录相关信息，比如在调用 connect 失败时，应把连接的端口号 port 也记录到日志中，便于在出错时分析问题。

此外，有的项目中把 goto 语句“一棒子打死”，在编程规范中规定禁用 goto，这样并不可取。比如本例中在出错时，用 goto 跳到函数末尾进行统一的资源释放，这样处理既方便也不容易出错。这种情况应该视为可以使用 goto 语句的一种特殊场景。

然而这是否为最完备的方式呢？其实还可以再做些斟酌。比如在连接服务器环节，服务器可能出现故障，那么这种情况是否有备份服务器，甚至有多个备选服务器可选？因此在 gethostbyname 和 connect 环节可以进行多次尝试。

```
server.sin_family = AF_INET;
server.sin_port = htons(port);
int trycnt;
for(trycnt = 0; trycnt < SRV_CNT; trycnt ++){
    ftp_server_name = srvs[trycnt].name;
    hp = gethostbyname(ftp_server_name);
    if( ! hp){
        logstr("gethostbyname fail. server:%s. try next.",
                 ftp_server_name);
        continue; //尝试下一个服务器
    }
    memcpy(&server.sin_addr, hp->h_addr, hp->h_length);

    /* 连接服务器端 */
    result = connect(ctrl_sock, (struct sockaddr *)&server,
                      sizeof(server));
    if(result < 0){
```

```
        logstr("connect fail.rst=%d, server:%s, port=%d.",
                result, ftp_server_name, port);
        continue; //尝试下一个服务器
    }
    break; //success!
}
if(trycnt == SRV_CNT){
    logstr("connect fail. trycnt=%d, port=%d", trycnt, port);
    goto OUT;
}
```

在输入用户名和密码的环节，也可以考虑类似的方法，再尝试另一组用户名和密码进行登录。总之在某些环节出错时，能够多几个备选方案尽量能让程序妥善应对各种异常场景。

法则 11：留意编译告警

程序中编译告警容易被忽视，因为即使出现了告警，源文件仍能被编译通过并投入运行，但这些告警中往往隐藏着一些潜在的问题。

我曾经参与过的一个项目使用了 Pc_lint 检查，由于规则设置的缘故，有一个 bug 没有产生 Pc-lint 告警。在最终定位问题时，才留意到它其实已经产生了一个编译告警但被忽视了，因为项目组没有要求代码必须清除所有编译告警。这个 bug 其实很低级，是赋值时精度丢失。类似下面这行代码。

```
nAvailPageFile = ullAvailPageFile;
```

前者是 32 位的 int 类型，后者是 64 位的 DWORDLONG 类型。编译器已经做出了提示，但没人留意。

```
warning C4244: "=": 从"DWORDLONG"转换到"int"，可能丢失数据
```

也许工程中编译告警太多，由于破窗效应已经无暇顾及。但里面可能隐藏着 bug，需要逐一排查把告警消除。这样当代码产生新的告警时才容易被发现。

当然，处理告警时同样得小心仔细。比如下面这段代码。

```
int do_some_thing()
{
    DWORD dwBytes;
    char tmpBuf[ BUF_SIZE ];
    ……
}
```

由于局部变量 dwBytes 没有被使用产生了一个告警。

```
warning C4101: "dwBytes": 未引用的局部变量
```

如何消除这个告警呢？也许你的第一反应是把第一行 dwBytes 的定义注释掉。当然这是正确的做法。但注释掉以后再进行测试时，程序有可能会崩溃。是不是很奇怪？原因如下。

有时候代码的 bug 是潜在性的，存在当两个 bug 在一起时会相互抵消，不会暴露的情况。当修改了其中一个后，另一个就暴露出来，导致程序异常。这里的另一个潜在问题是代码中第二个局部变量 tmpBuf 在使用过程中存在内存越界，且越界的长度不多，刚好在 4 个字节范围内。当内存越界时，实际上是使用了 dwBytes 变量所处的内存，而刚好 dwBytes 又没有被使用，因此程序运行相安无事。当 dwBytes 被注释掉以后，内存越界就“踩”到了函数的堆栈，堆栈被破坏且函数返回时，程序就崩溃了。因此每修改一行代码都需要充分评估修改前后的差异，留意编译告警，不要放过每一个潜在的问题。

法则 12：尽早暴露问题

一个 bug 在软件的开发、自测、测试、发布后等各阶段被发现，其修复成本是不一样的，越往后修复成本越高。软件设计师负责开发和自测两个阶段，应该在这两个阶段重视代码质量，尽早发现 bug 并修复。

- **善用编译器**

假设代码中有一个数据结构，其中有若干字段，代码如下所示。

```
class S{
public:
    int a;
    int b;
    int c;
};
```

由于业务场景变化，需要将字段 b 删除，你会怎么做呢？也许你会利用代码编辑器的查找功能，搜索出所有出现字段 b 的地方，然后将其删掉。但这可能导致误删除，因为在整个工程中字段 b 可能存在重名，有其他的数据结构也包含字段 b，但这些地方是不应该被删除的。如果一旦误删，而又没有完备的自测用例的话，这样的错误往往很难被发现。

当然你也许会说删除的时候需要认真细致。但如果出现字段 b 的地方有几十上百处呢，每一处都通过肉眼仔细核对，也是非常耗费体力的事情，而且也不能保证百分百不出问题。

对于这类工作推荐使用如下方法进行处理。首先保证所有代码都能编译通过，然后把 class S 中的字段 b 注释掉。

```
class S{
public:
    int a;
    //int b; 不再使用
    int c;
};
```

之后就开始编译代码。每一处使用了字段 b 的地方，由于缺少了定义会导致编译错误。实际上编译器已经把每一处需要修改的地方都找出来了。最后再逐一修改每一个编译出错的地方，这样就能确保万无一失。

让编译器来帮助我们发现一些通过肉眼不容易发现的问题，把一些“体力”活交给编译器去做是一个有效的好办法。在写代码时，每完成一小段代码（七八行甚至一两行），我就会单击一次编译按钮。有一些小错误，比如少了个括号或者分号，变量名、函数名的拼写错误等，都能通过编译及时发现。在保证了这样阶段性的成果后，再继续后续的工作。

- **做好自测**

我曾在一个项目中负责一个内存数据库模块，与我们通常理解的数据库有所差别，其所有数据都保存在内存中，通过编写代码自行管理。数据库中表的创建采用如下 CreateTable 函数。

```
HANDLE CreateTable(LPSTR tbName, [, argument] ...);
```

其第一个参数 tbName 为表名，后面是变长参数，每一个 argument 通过一个字符串描述一个字段。其中含有 5 个关键信息，以一个（或多个）空格（或小括号）隔开。字段信息形如：“FieldName N(255) SAVE 1”，每个部分含义如下。

```
字段名：最长 10 个字符
字段类型：可为'N'（数值型），'C'（字符型）
字段长度：最大值 255
是否存盘：表示字段是否需要保存，需要为'SAVE'；不需要为'NOTSAVE'
单位类型长度：构成字段的数据类型的大小，1-BYTE、2-WORD、4-DWORD
```

例如下面这段代码创建了一个名为 CommTbl 的表，其含有 c1、d2、w3、b4 四个字段，字段长度分别为 33、4、2、1，然后返回该表的句柄 hCommTbl。

```
hCommTbl = CreateTable("CommTbl",
            "c1    N(33) SAVE  1",
            "d2    N(4)  SAVE  4",
            "w3    N(2)  SAVE  2",
            "b4    N(1)  SAVE  1",
            TABLE_END);
```

同时根据字段的信息定义一个数据结构与之对应。

```
typedef struct {
    BYTE c1[33];
    DWORD d2;
    WORD w3;
    BYTE b4;
}R_COMMTBL_TUPLE;  //假设代码为一字节对齐
```

但是在实际开发过程中，编写字段信息时很容易犯错。比如下面这类错误。

```
字段描述后忘了写逗号: "t1  N(4)  SAVE  4 " //缺少逗号','
描述信息中缺少空格: "t1  N(4)  SAVE4", //SAVE和4之间没有空格。
```

然而，字符串内的语法错误是无法通过编译器发现的。解决这类问题只有放到自测环节。一个有效的办法是在CreateTable后再加上一个断言语句。

```
ASSERT( GetTupleLen(hCommTbl) == sizeof(R_COMMTBL_TUPLE));
```

用GetTupleLen获取数据库内存中记录的长度，该长度为CreateTable时根据argument中的描述信息综合计算而得。如果该长度和自定义数据结构R_COMMTBL_TUPLE的大小相等，则说明数据库的创建是符合预期的，程序继续往下执行。如果不相等，则程序会弹出断言错误，此时再通过人工仔细排查字段创建中哪里存在语法错误。

本例的方法和代码看护的方法（将在“法则20：代码看护”一节中介绍）类似，都使用到了断言。但二者稍有不同，代码看护强调的是避免在后续修改代码时引入错误，而这里强调的是在一开始编程时使用一种有效的自测手段避免错误。

总之软件设计师要把握住开发和自测两个环节，问题能在编译时暴露就不要在运行时暴露，能在调试时暴露就不要在发布后暴露。

法则 13：规避短板

根据木桶原理，系统的可靠性由可靠性最低的一个子系统（模块）决定。因此理论上我们需要把系统中每个子系统（模块）的可靠性提高，才能保证整个系统的可靠性。但实际工作中有些时候却无能为力，只能选择退而求其次的办法。

比如在我曾参与过的一个 Windows 软件项目中，需要对图片文件进行 OCR 识别，然后对识别出的文本数据进行处理。由于我们并不具备此项技术的研发能力，只能借助第三方的组件来完成此功能。经过对比，发现微软的 OLE 组件接口功能相对完备，识别率也能满足我们的要求，因此选择了微软的 OLE 组件接口。但在产品发布后发现该组件接口不稳定：在识别某些特定文件时，OLE 组件内部会崩溃；另外有一些文件还会导致内存泄漏，这会对我们的应用程序造成影响。然而面对 OLE 内部的问题我们无能为力，如果改用其他识别算法，其识别率又达不到要求。

```
void MyFunction(...)
{
    ……
    UnstableFunction(...); //调用了一个不稳定的函数
    ……
}
```

在系统中调用了一个不稳定的函数，会拉低整个系统的可靠性。当一个函数中的问题没办法解决，又不得不用这个函数时，只能想办法规避它。操作系统的进程管理相对独立，当一个进程结束时，其所申请的各类资源都能得到回收，不会影响系统其他进程运行。即使该进程存在内存泄漏，在其结束时这部分内存也会被操作系统有效回收。因此规避这个问题的方法是采用进程委托调用，如图 2-3 所示。

把这个函数放到一个单独的工作进程中去执行，这样即使出现内存泄漏或程序崩溃，也只会影响这个单独的进程，主进程并不受影响，仍可以稳定运行。当然，调用该函数涉及参数传入及结果返回，需要采用进程间共享内存的方式，建立一块共享内存。将其划分为两个区域：参数区和结果区。在主进程启动工作进程前，将参数写入共享内存中的参数区。工作进程启动后从参数区中读取参数，并调用该函数。函数返回后将执行结果写入共享内存中的结果区。主进程再从共享内存中的结果区读取函数执行结果，然后继续后续的流程。

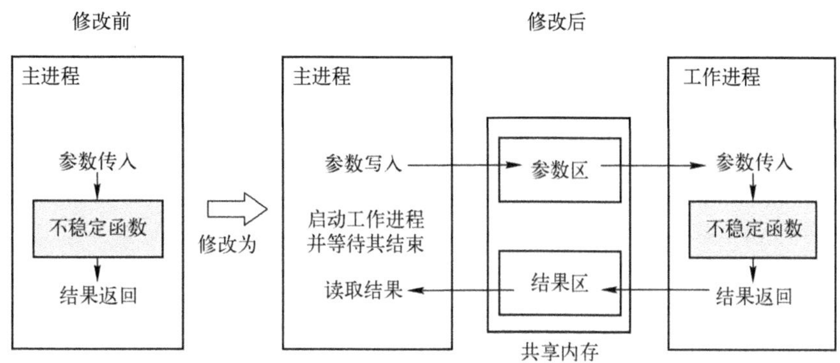

图 2-3　进程委托调用

示例代码中的 AvoidUnreliable 工程为 Windows 下使用该方法的示例。其中公共基类 ProcRuner 可以在主进程中直接使用，用于启动工作进程并传递参数。在工作进程中可以直接使用 ShareMem 类，用于创建共享内存并读取主进程传来的参数。这两个类中封装了一些创建全局共享内存和启动进程的公共方法，本节不展开说明，其内部实现将在“第 6 章代码资源”中的“进程委托调用框架”一节中介绍。下面仅对这两个类的用法做一个简要介绍。

假设主进程中要调用一个不稳定的函数 UnstableFunction，由于该函数内部问题会导致程序崩溃或内存泄漏，因此采用进程委托调用的方式进行改造。UnstableFunction 函数原型如下，其有两个入参和一个出参，返回值为 int 类型。

```
int UnstableFunction(const int p1, const int p2, Result* pRst);
```

主进程中调用方式如下。

```
Result rst;
int ret = UnstableFunction(3, 4, &rst);
```

修改时首先在主进程的代码中定义一个类 CallUnstFunc，其派生自公共基类 ProcRunner。

```
/* call unstable function*/
class CallUnstFunc : public ProcRuner
{
public:
    CallUnstFunc(const int p1, const int p2, Result* pRst);
    virtual ~CallUnstFunc(void);

    virtual void BeforeExecute();
    virtual void AfterExecute();

    int GetRet();

private:
    int m_p1, m_p2; //函数入参
    int m_ret; //函数返回值
    Result* m_Rst; //函数出参
};
```

其构造函数的参数列表与 UnstableFunction 保持一致，并定义相应的成员变量用于保存这些参数。同时将 m_ProcFileName 设置为工作进程的可执行程序名称，将 m_MapNameBase 设置为全局共享内存的名称（取一个唯一的名称）。

```
CallUnstFunc::CallUnstFunc(const int p1,const int p2,Result* r)
{
    m_ProcFileName = "WorkProcess.exe";
    m_MapNameBase = "MyWorkProcShareMap0efe13";
    m_FileMapSize = sizeof(UnstFuncShareMem);
    m_p1 = p1;
    m_p2 = p2;
    m_Rst = r;
}
```

全局共享内存的定义如下（在上面的构造函数中用 m_FileMapSize 定义该结构的大小）：该结构分 3 部分，分别用于保存函数调用时的入参、出

参和返回值。

```
typedef struct _UnstFuncShareMem{
    Parameter par; //入参
    int ret; //函数返回值
    Result rst; //出参
}UnstFuncShareMem;
```

公共基类ProcRuner中BeforeExecute和AfterExecute定义为纯虚函数，用于运行工作进程前后进行一些准备工作和善后工作，派生类中必须重写。这里需要在BeforeExecute中将参数写入共享内存，并在AfterExecute中从共享内存中读取结果。

```
void CallUnstFunc::BeforeExecute()
{
    UnstFuncShareMem* p = (UnstFuncShareMem*)m_pMem;
    if(p){
        p->par.p1 = m_p1;
        p->par.p2 = m_p2;
        p->ret = -1;
    }
}

void CallUnstFunc::AfterExecute()
{
    UnstFuncShareMem* p = (UnstFuncShareMem*)m_pMem;
    if(p){
        m_ret = p->ret;
        if(p->ret == 0){
            m_Rst->r1 = p->rst.r1;
            m_Rst->r2 = p->rst.r2;
            m_Rst->r3 = p->rst.r3;
        }
    }
}

int CallUnstFunc::GetRet()
{
```

```
    return m_ret;
}
```

在工作进程的代码中，仅需使用 ShareMem 对象获取全局共享内存，然后执行该不稳定函数，并把结果写入共享内存即可。

```
BOOL CWorkProcessApp::InitInstance()
{
    ……
    CString cmdLine = GetCommandLine();
    ShareMem sm(cmdLine);
    UnstFuncShareMem* p = (UnstFuncShareMem*) sm.GetShareMem();
    if( ! p){
        logstr("get share mem fail.cmd:%s", &WToA(cmdLine));
        return FALSE;
    }
    p->ret = UnstableFunction(p->par.p1, p->par.p2, &p->rst);
    ……
}
```

最后，将主进程中的调用方式修改为如下方式。

```
Result rst;
//改为进程委托调用 int ret = UnstableFunction(3, 4, &rst);
CallUnstFunc cuf(3, 4, &rst);
int ret = cuf.Execute(_T(""));
```

我们在项目中采用了这种进程委托调用的方法，针对需要识别的每一个文件创建一个工作进程，在该工作进程中调用 OLE 组件，并将识别结果传回给主进程。这样即使 OLE 组件内部出错，也只影响这单个工作进程，不会影响主进程。当然这种方法对程序性能会造成一定影响，因为启动进程、传递参数等操作会带来一定开销。但为了保证程序整体的可靠性，牺牲一些性能也是可以接受的。总之，在实际系统设计时，可以考虑多进程的思路，把一些不稳定或容易出错的操作单独放到一个进程中，使其不影响主进程。

第 3 章：效率

做人不要斤斤计较，但写代码一定要斤斤计较。

来看一个 Linux-2.4 内核中的例子，学习世界顶尖高手的做法。内核中经常要访问进程控制块（PCB），其在内核中定义为 task_struct 结构。为此在 include\asm-i386\current.h 中定义了一个宏 current，提供指向当前进程的 task_struct 结构的指针。

```
static inline struct task_struct * get_current(void)
{
    struct task_struct *current;
    __asm__("andl %%esp,%0; ":"=r" (current) : "0" (~8191UL));
    return current;
}
#define current get_current()
```

在内联函数 get_current 中，首先将 esp（扩展栈指针寄存器）堆栈指针和“~8191UL（0xFFFFfe00）”做“与”操作，计算出 task_struct 的地址，然后 MOV 到 current（实际上已经关联了一个寄存器）中，再将其返回。注意，这里只涉及两条指令且都是针对寄存器的操作：一条是寄存器和立即数的 AND 指令；另一条是寄存器到寄存器的 MOV 指令。

为何不采用另外一种方式：定义一个全局变量，每次调度新进程运行时，将该进程的 task_struct 指针写入这个全局变量中，之后使用时再直接访问这个全局变量。实际上每次访问全局变量会涉及内存的操作，而访问内存的速度要比访问寄存器慢。因此用内核中的办法，每次使用 task_struct 时把它的地址计算出来反而效率更高[㊀]。可见系统级的软件设计师如此“吝啬”，对 CPU 的每一条指令都在精打细算。

㊀ 摘自毛德操、胡希明所著《Linux 内核源代码情景分析（上册）》第 268 页。

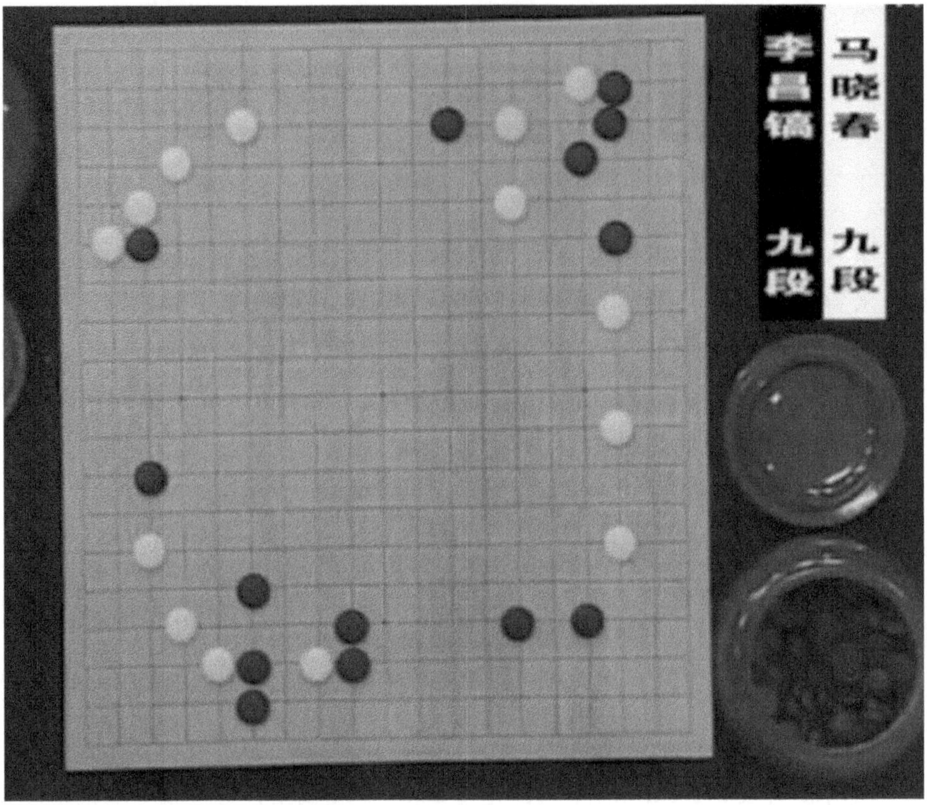

图 3-1　马晓春与李昌镐对局

20 世纪 90 年代世界棋坛巅峰对决，我国的马晓春迎战韩国的李昌镐，华以刚老师进行讲解。在布局阶段仅下了 20 多手，马晓春走出一步“官子”。华老师做出点评：“做人不要斤斤计较，但下棋一定要斤斤计较”。

法则 14：关注性能热点

记住 80-20 规则：20%的代码在运行时消耗了 80%的 CPU 时间，而 80%的代码消耗了 20%的 CPU 时间。程序的大部分性能消耗都是集中在小部分代码上，这小部分代码就是性能热点。

当然首先得找到这些热点所在，除了使用一些性能分析工具外，最简单有效的方法就是在程序块中增加日志。首先对整个程序的运行流程进行划分，将其分成粒度更小的子流程，然后在这些子流程的首尾增加代码，在开始的地方获取系统当前的 tick，在结束的地方再获取一次当前 tick，两者相减后把结果记录到日志中。当然记录日志的前提是日志本身的 I/O 对程序运行时间的影响可以忽略。如果 I/O 对程序影响较大时，可以考虑先把相关的时间信息记录到一个内存块中，待程序流程执行结束后再将内存块中的时间信息输出。找到耗时较长的子流程后，需对其代码进行分析，查看是否有比较耗时的操作，再有针对性地进行优化。通常的优化方法包括以下这些。

- **避免顺序查找**

顺序查找是最简单直接的编程方法之一。在数据建模时使用数组，然后查找时用一个 for 循环。但是当该数组中的数据量巨大时，问题就来了，大的循环会消耗很多性能，会形成性能热点。

实际上在我负责的公司招聘中一直使用着一个“潜规则”，如果应聘者在解题时使用了顺序查找，那我会慎重考虑，他被录用的可能性极小。这不仅是在考察算法，而且还体现出一个软件设计师在开发时的性能意识。如果他把这种不好的开发习惯带到项目中，那后期还要投入更多的人力和时间去补救。

要避免顺序查找，首先在数据结构的设计阶段就需要花些心思。针对所要管理的数据集合，寻找它们的特点。通常集合中的各元素都会有一个唯一标识 ID，该 ID 可能是一维的，也可能是多维的。把这个 ID 作为索引，构建相应的 hash 数据结构，而不是简单地使用数组进行数据建模。C++和 Java 都提供了很多容器（比如 hash、map 等）可以直接使用。如果是 C 语言，则需要自己封装一套 hash 算法。

另外，如果这些 ID 是有序的（比如是 int 类型），也可以将数据集合构造为一个有序的数组，在查找时使用二分法。

- **减少大块内存赋值**

在大型系统中的多个模块间传递数据是不可避免的，这些数据包括函数参数和返回的结果。如果每个模块都定义了自己的一套数据类型，那么在传递时就需要对数据进行类型转换。

假设有 3 个模块（类）A、B、C 都提供了一个公有函数 do_some_thing，都定义了各自的数据类型作为入参。

```
class A
{
public:
    struct PA{
        int a;
        int b;
        int c;
    };
    void do_some_thing_1(struct PA* p);

private:
    B *m_b;
};

class B
{
public:
    struct PB{
        int b;
        int c;
        int a;
    };
    void do_some_thing_2(struct PB* p);

private:
    C *m_c;
```

```
};

class C
{
public:
    struct PC{
        int c;
        int a;
        int b;
    };
    void do_some_thing_3(struct PC* p);
};
```

如果它们之间存在的调用关系为：A→B→C。那么在每次调用前就需要对参数进行转换。

```
void A::do_some_thing_1(struct PA* p)
{
    struct B::PB pb;
    pb.b = p->b;
    pb.c = p->c;
    pb.a = p->a;
    m_b->do_some_thing_2(&pb);
}

void B::do_some_thing_2(struct PB* p)
{
    struct C::PC pc;
    pc.c = p->c;
    pc.a = p->a;
    pc.b = p->b;
    m_c->do_some_thing_3(&pc);
}
```

这样的转换烦琐且耗时。通常如果这些模块都是出自同一个开发人员，一般不会出现这样的问题。但一个大型系统中不同的模块都由不同的人员来维护，由于开发人员的“自负”和交流不畅，就容易出现类似的问题。出现这种情况时需要架构师介入加以协调，依据各软件层次对参数的需求加以分析，提炼出一个独立且不依赖于任何其他模块的公共参数模块来统一各模块间的接口，使得参数能在一个业务流程的各层代码之间直接传递。改进的代码如下。

```
struct P{
    int c;
    int a;
    int b;
};

class A
{
    void do_some_thing_1(struct P* p);
};

class B
{
    void do_some_thing_2(struct P* p);
};

class C
{
    void do_some_thing_3(struct P* p);
};
```

另外还有一种大块内存赋值的情况比较隐蔽，容易被人忽视。下面 C++ 例子中的函数参数的类型为 std::vector<struct P>。

```
void do_some_thing(std::vector<struct P> vp)
```

C++的参数传递都有一次拷贝赋值，如果数组中的元素数量巨大时，这个拷贝过程会非常耗时，同时也伴随着大量内存消耗。在我们的项目中曾出现过类似的问题，数组中元素个数达到 10 万的量级时，程序运行时直接就“卡死”了（由于运行时间较长，操作系统会认为程序没有响应，询问是否需要结束进程。如果选择继续等待，则再过一段时间程序可能会“活”过来）。

改进的办法也很简单，将这类参数改为传引用（用“&”修饰）就可避免拷贝赋值。此外，还需要增加数据安全性考虑，因此再加一个 const 修饰就可以避免函数内部因误修改而导致的数据出错。

```
void do_some_thing(const std::vector<struct P>& vp)
```

当然这类问题在 Java 中不会出现，因为 Java 的对象参数传递默认都是传引用的方式。

- **提炼循环中的公共操作**

有时候循环不可避免，比如针对数据集合中的每个元素进行某项操作时。此时需要分析循环中的每一项操作，是不是有可以提炼的公共部分，类似下面的代码。

```
for(int i = 0; i < size; i++)
{
    v[i]._a = get_some_thing();
    v[i]._b = calc(i);
}
```

如果 get_some_thing 每次返回的值都相同，那么可以把它提到循环外面，只执行一次。下面的优化将该值保存在 someV 中，以后每次直接赋值。

```
int someV = get_some_thing();
for(int i = 0; i < size; i++)
{
    v[i]._a = someV;
    v[i]._b = calc(i);
}
```

还有一种复杂情况，在循环之前已经对代码进行了封装。

```
    for(int i = 0; i < size; i++)
    {
        treat_v(v[i], i);
    }

void treat_v(struct V &v, int i)
{
    v._a = get_some_thing();
    v._b = calc(i);
}
```

这种情况需要对代码进行重构，将公共部分和个性部分拆分开来，再重新组织。

```
    int someV = get_some_thing();
    for(int i = 0; i < size; i++)
    {
        treat_v(v[i], i, someV);
    }

void treat_v(struct V &v, int i, int someV)
{
    v._a = someV;
    v._b = calc(i);
}
```

- **避免使用耗时的 API**

如果系统工作在应用层，那难免要和操作系统的 API 打交道，但是有些 API 在调用时会非常耗时。例如我曾参与过的一个 Windows 应用系统开发，其中使用了一些 OLE 接口，函数的运行时间就非常长。

如果在某些关键流程中使用了这类 API，那就得对技术方案进行重新评估。因为我们无法修改其内部代码，只能想办法怎么绕开它。首先可以考虑有没有替代的方案，比如通过其他方法也能达到目的并且性能很好，或者有没有第三方的程序库也支持该功能，或者自己实现一个性能更好的算法。其次需要分析是否可以降低对它的调用频率，比如只调用一次然后把它的结果缓存起来，以后需要的时候直接查表，而不是每次需要时都调用。

总之碰到这类问题很不幸也很无奈，要么绕开它，要么默默忍受。

- **合并数据库语句**

我们的系统中有一个流程是把一个报表的数据插入到数据库的一个特定表中。测试中发现，当有上 10 万条记录需要入库时，整个流程执行非常缓慢。因为每一条 SQL 语句在执行时都会有一次和数据库的交互，底层会进行 socket 通信：应用程序通过网络发送 SQL 指令，数据库接收后进行处理，再将执行结果返回应用程序。因为涉及网络的通信和调度，这样的交互本身是有一定耗时的。少量的语句执行影响不大，但如果是 10 万次这样的交互，那时间就大大延长了，到了无法接受的程度。

解决办法是将多条记录拼装成一条 INSERT 语句。比如有 1 万条记录需要插入，可以拼装成如下这样的 SQL 语句，然后再调用数据库接口。这样就大大减少了底层 socket 通信的次数，整体性能大幅提升，可以满足要求。

```
INSERT INTO tblName
    (id, item_v, item_t)
VALUES
    ('0000', 'v0', 't0'),
    ('0001', 'v1', 't1'),
    ('0002', 'v2', 't2'),
    ……
    ('9999', 'v9999', 't9999')
```

需要注意的是每个数据库都对 SQL 语句有长度限制，在拼装时需要保证语句长度不要超过它。这个问题实际上属于前面描述的“提炼循环中的公共操作”中的一种场景，因其比较典型，所以单独进行说明。

法则 15：留意非热点代码

大部分应用程序在经过上述的方法优化后基本都能达到性能要求。然而如果程序是工作在系统底层且对性能要求极高，很可能在实施了上述优化后仍无法满足性能需求。那么是否就黔驴技穷了呢？当然不是。此时我们不得不把目光转向代码的另外 80%，从这里面“抠”性能。本章开始处列举的 Linux-2.4 内核中对进程控制块的访问方法就是一个例子。此外还有一些其他方法可以尝试。

● **执行概率高的分支提前**

下面的伪代码中，if...else...语句有两部分代码：“代码片段 A”和“代码片段 B”。

```
if ( 条件 A )
{
    代码片段 A
}
else
{
    代码片段 B
}
```

如果在实际应用场景中 “条件 A”为“假”的概率更高，即程序更多的情况会走入 else 分支执行“代码片段 B”，那么需要将 if...else...语句的逻辑调整如下。

```
if ( ! 条件 A )
{
    代码片段 B
}
else
{
    代码片段 A
}
```

在 if 的判断语句中将“条件 A”取“非”，并将两个代码片段对调位置。

这样的调整并不会影响代码的逻辑，但执行速度能有所提高。这是因为在程序顺序执行的过程中，“代码片段 B”的代码段更容易载入 CPU 的高速缓存（cache），从而获得更高的效率。

● **使用查表法**

例如下面的 switch...case 语句，其根据不同的命令码来调用相应的函数。

```
switch(cmdCode){
case 0:
    do_some_thing_0();
    break;
case 1:
    do_some_thing_1();
    break;
//注意这里没有 case 2
case 3:
    do_some_thing_3();
    break;
……此处省略其他 case
case 10:
    do_some_thing_10();
    break;
default:
    do_error();
    break;
}
```

switch...case 在编译后是以二分法来查找相应的分支入口的，算法已经很快了。但是当分支过多时，仍然需要消耗一定的时间。针对这种情况可以构造一个函数入口表，通过查表法进行处理。

```
typedef void (*fpFunc)();

    const int maxCmd = 10;
    static fpFunc funMap[maxCmd] = {
        do_some_thing_0,
        do_some_thing_1,
        NULL,
```

```
    do_some_thing_3,
    ……//此处省略其他赋值
    do_some_thing_10,
};

if(cmdCode >= 0
    && cmdCode <= maxCmd
    && funMap[cmdCode] != NULL) {
    (*funMap[cmdCode])();
}
else{
    do_error();
}
```

通过构造了一个 funMap，直接根据 cmdCode 找到相应的函数，算法的时间复杂度从 O(log2n)降为 O(1)。运用这种方法需要注意以下几点。

1）所构造的表很可能是个稀疏矩阵，因为并非所有的值都有 case，需要将相应的项初始化为 NULL。上面的例子中就没有 case 2 分支。

2）cmdCode 的取值范围有可能很大，需要评估内存的开销是否能接受。

3）cmdCode 的取值并非从 0 开始，必要时可以进行一定的转换。比如减去某个固定值以使其从 0 开始。

4）要求所有 case 的处理函数接口都相同，在本例中都为 void (*fpFunc)()。如果存在函数接口不同的情况，则需要先进行统一。

使用这种方法存在一定的限制条件，因此在修改时需要进行充分的评估。但是这种利用空间换时间的做法提供了一种很有效的性能优化思路。

- **使用内联函数**

函数调用时需要将参数压栈，执行函数跳转指令存在一定的开销。在绝大部分场景这样的开销是可以忽略的，代码重构的方法也指导我们尽量封装小函数以增加代码的内聚性和可维护性。

但是当确实有性能需求而又没有其他更好的优化手段时，就只有在这些小地方动心思了。C++语言提供了内联机制，可以通过 inline 将函数定义为内联的，这样在编译时函数代码会在每一处调用的地方被展开，实际上也就没有了调用函数的开销。

除了 inline 外还有一种方法我非常不情愿使用，但有的时候又不得不用它。我在 H 公司曾经参与过的一个项目是基于 C 语言的 VxWorks 嵌入式开发，遗憾的是编译器不支持 inline。当时项目组在做性能优化时采用了替代方案：把小函数改成宏，用宏来代替内联。但这种方法会带来其他麻烦，比如不利于调试、代码难以维护等。写代码很多时候会面临这种两难的选择，当性能和可读性发生冲突时，如果不得不提高性能以满足产品需求，那只能选择前者。至于可读性，只能通过加强注释说明来进行补充。

- **减少乘除法的使用**

我曾经写过一个消息处理函数，在模块接收到消息时会在入口处记录一条日志。

```
void MsgTreat(int msg)
{
    logstr("receive msg:%d\n", msg);
    ……
}
```

测试时发现该模块接收的消息非常多而且很频繁，日志文件很快被写满。于是我采取了一个折中的方法，每 1000 条消息才记录一次日志，日志只是作为一个统计参考。

```
void MsgTreat(int msg)
{
    msgCnt++;
    if( (msgCnt % 1000) == 1){
        logstr("receive msg:%d, msgCnt=%d\n", msg, msgCnt);
    }
    ……
}
```

这样一来就引入了一个除法操作。除法指令本身性能开销较大，而且如果这个函数调用频繁，会对性能造成一定影响。因此我又换了一种方法，把“%1000”改成“&0x3ff”。

```
void MsgTreat(int msg)
{
```

```
    msgCnt++;
    if( (msgCnt & 0x3ff) == 1){
        logstr("receive msg:%d, msgCnt=%d\n", msg, msgCnt);
    }
    ……
}
```

新的方法相当于除以 1024 取余，即每收到 1024 条消息记录一次日志。既然只是想做个统计，那么每 1000 条消息记录一次和每 1024 条消息记录一次其实差别不大，关键是避免了除法运算。

此外在能够将乘除法转换成位移运算的时候，则尽量使用位移运算。比如将一个整数左移 1 位，相当于乘以 2；右移 1 位相当于除以 2。如果运算中乘数或除数刚好是 2 的 n 次幂，则可以直接使用这种方法。

如果乘数或除数不是 2 的 n 次幂，也有变通的方法，比如(n*15)可以写成(n<<3 – n)，相当于(n*16-n)。当然如果程序不涉及大量的数学运算，一般不会用到这种方法。

- **选择合适的日志接口**

我在 Z 公司曾参与过一个接入网产品项目，在进行压力测试时呼叫指标始终达不到要求。当时的要求是 1 万次呼叫最多只允许有 4 次失败。项目组进行了一个多月的攻关后仍然一筹莫展。后来一个同事突发奇想在系统底层把日志关闭（在日志函数入口直接 return），结果呼叫测试顺利达标。

该问题究其原因主要有两点。首先，当时我们没有一个良好的日志框架。我们是用 printf 进行日志输出的，该函数虽然没有文件 I/O，但是有两个较耗时的操作：一是对格式化字符串进行处理，因为调用 printf 一般都要输入若干个参数，需要将参数转化为字符串；二是将字符串内容打印到串口上，有一次串口 I/O。其次，整个项目对日志的记录缺乏有效的规划管理。所有开发人员为了便于问题定位，都进行了较多的日志记录。这样导致整个呼叫流程中日志量非常巨大。

在电信系统中，对呼叫的接续时延有严格的要求，一旦某个流程超时就会导致呼叫失败。由于上述原因，在呼叫时大量日志的涌入，导致呼叫流程的程序执行耗时变长，最终导致呼叫失败。

我们最终的解决方案也非常简单粗暴：在默认情况下把日志关闭，只有在需要定位问题时再临时把日志打开。

当然更好的方法是采用一种改良的日志方案。因为格式化字符串需要性能开销，文件或串口 I/O 也有开销，所以新的方案需要避免这两种操作。在“第 6 章：代码资源”的“日志框架”一节中介绍的日志框架中提供了一个日志接口 logpar，其支持 3 个参数。

```
logpar(int logId, int par1, int par2);
```

第 1 个参数是日志 ID，可以定义一种 ID 的编号规则，保证在整个工程中一个 ID 只被一个地方使用。因为这个日志接口没有使用代码所在的文件名和行号，所以在分析日志时只能通过该 ID 来查找对应的代码。如果同一个 ID 在多个地方被使用，则无法通过该 ID 确定是哪一处代码输出的日志。第 2、3 个参数为日志需要记录的信息。调用该函数时仅将这 3 个参数记录到一个内存块中后函数即返回，执行速度很快。在日志框架有另外一个线程会周期性地把这个内存块中的信息写入日志文件。

这种方法的缺点是使用起来有一些局限性，但优点是性能较好。因此建议仅在对性能要求较高的代码中使用该方法，其他场景还是使用 logstr、logmem 等方法。

法则 16：采用缓存

前两节从代码层面介绍了提高程序执行效率的方法。然而有些时候从代码层面已经很难再找到优化空间，那么只能从系统框架入手寻求提升效率的解决方案。

采用缓存机制就是一种行之有效的手段。比如大型门户网站，都会将常用页面的内容缓存于前端服务器的内存中。再比如数据库存取时使用 Redis，其核心思想就是将存储于磁盘上的数据缓存到内存中，以提高访问效率。采用缓存机制的核心思想为：将存储于访问效率较低的介质中的数据，缓存到访问效率较高的介质当中，以提高数据的存取速度。

Linux 内核中的文件存取流程，就是采用了一种很有效的缓存机制，本节将对其进行简要介绍。也许你的工作并不会涉及操作系统的开发，但也希望你能领会这种解决问题的思路。将一个复杂的问题分解为若干阶段，采用分而治之的策略，区分轻重缓急分别进行处理。

默认情况下 Linux 的写文件操作都是异步的，即文件内容只会写入缓存，而写入磁盘的操作将在随后才进行。如果要做到同步写，即文件内容实时写入磁盘，需要用户进程在打开文件时（调用 open 函数）指定参数 O_SYNC 或者在挂载分区时（执行 mount 命令）指定参数 sync。

图 3-2 为 Linux 内核文件存储流程，在默认的异步场景下，从用户进程开始触发写操作（调用 write 等函数）到数据最终写到磁盘上的这一过程可以归纳为：3 个阶段，两次异步。

用户进程对文件的写操作只到达系统空间的文件系统层，它将文件内容写入缓存记录块，并对记录块做一个“脏”标记，再将其挂入内核的记录块“脏”队列，然后就从系统空间返回了，这一过程可以看作文件写入的第 1 阶段。此时的文件写操作只是在逻辑意义上完成了，而在物理意义上文件内容并没有真正写到磁盘上。也就是说如果此时系统突然断电，那么之前写入的内容并不会得到保存。

Linux 内核中有若干个工作线程，多数情况下它们处于睡眠状态，在 CPU 空闲或者内存紧缺时它们会被唤醒，然后检查记录块“脏”队列上是否有数据需要写入磁盘，如果有就将其提交给磁盘控制器，启动写入磁盘的流程。至此完成文件存储的第 2 阶段操作。此时磁盘已经启动，但是写操作何时完成仍是不能确定的，所以此时仍只是在逻辑意义上完成了文件写入。

第 3 阶段：磁盘在对某个记录块的写入完成后会向内核发出一个中断请求，这时内核中相应的中断响应函数将被调用，然后就可得知是哪一个记录块的写操作已经完成。此时文件内容才是物理意义上的写入了磁盘。

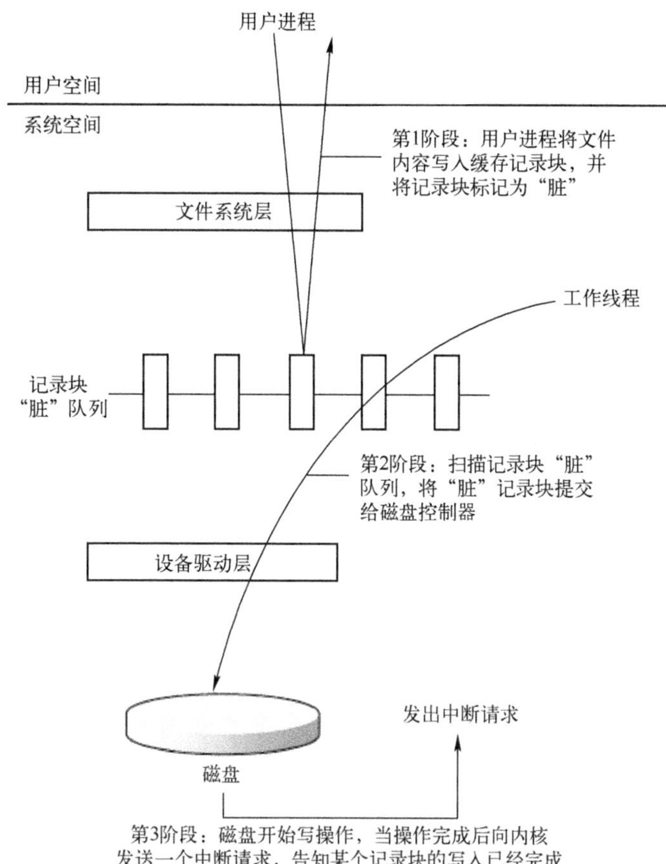

图 3-2　Linux 内核文件存储流程

此外，用户进程可在打开文件时指定参数 O_SYNC 将文件的写入方式设置为同步写。在这种情况下，完成第 1 阶段后用户进程会进一步将记录块提交给磁盘控制器。此后该用户进程就进入睡眠状态，直到磁盘的写操作完成后它才会被唤醒。此时数据已经写到磁盘上，然后该用户进程才会返回用户空间。

以下将结合 Linux-2.4 内核源码，进一步介绍文件的存储流程。

- **写入缓存**

任何用户空间的写操作进入系统空间后都将调用 sys_write 函数，从这个函数开始进行文件的写操作。

```
/* fs/read_write.c */
asmlinkage ssize_t sys_write(unsigned int fd, const char * buf,
                             size_t count)
{
    ……
    ssize_t (*write)(struct file *, const char *, size_t,
                     loff_t *);
    ……
    write(file, buf, count, &file->f_pos);
    ……
}
```

函数中的变量 write 是一个函数指针，对于 ext2 文件系统它的值对应 generic_file_write 函数。

```
/* mm/filemap.c */
ssize_t generic_file_write(struct file *file,const char *buf,
                           size_t count, loff_t *ppos)
{
    ……
    do {
        ……
        mapping->a_ops->prepare_write(file, page, offset,
                                      offset+bytes);
        __copy_from_user(kaddr+offset, buf, bytes);
        mapping->a_ops->commit_write(file, page, offset,
                                     offset+bytes);
        ……
    }while (count);
    ……
}
```

函数 generic_file_write 中对文件的写入是在一个 do...while 循环中进行的，每次完成后将变量 count 递减，直到为 0。函数中的 prepare_write 和 commit_write 又是两个函数指针，对于 ext2 文件系统它们分别指向 ext2_prepare_write 和 generic_commit_write。每次循环分 3 部分工作：准备缓存、写入内容、将缓存标记为“脏”。

ext2_prepare_write 的作用就是根据每次写入的要求，按 ext2 文件系统的文件寻址方式建立若干缓存页面，进而将这些页面映射为若干记录块，为文件的写入准备好缓存。

__copy_from_user 将用户空间要求写入的内容复制到系统空间的内存缓存中。

generic_commit_write 将写好的缓存记录块提交，实际上是将其标记为“脏”，并挂入系统的记录块“脏”队列，等待内核工作线程将其同步到磁盘。

当循环结束后还要进一步判断文件是否要求同步写，如果要求就要将其提交给磁盘并且等待其完成，这是由 generic_osync_inode 函数完成的。

```
/* mm/filemap.c */
ssize_t generic_file_write(struct file *file,const char *buf,
                           size_t count, loff_t *ppos)
{
    ……
    /* 判断是否要求同步 */
    if ((file->f_flags & O_SYNC) || IS_SYNC(inode))
        generic_osync_inode(inode,OSYNC_METADATA|OSYNC_DATA);
    ……
}
```

如果用户进程不特别指明的话，默认情况下的写操作都不是同步的，即只要将文件内容写入了缓存，就认为写操作已经完成。至此，文件存储的第 1 阶段已经完成。

- **记录块提交**

在 buffer_head 结构中有一个成员 b_state，其代表着一个记录块的各种状态，已有的状态标志位定义如下。（include/linux/fs.h）

```
enum bh_state_bits {
```

```
    BH_Uptodate,/* 1 if the buffer contains valid data */
    BH_Dirty,   /* 1 if the buffer is dirty */
    BH_Lock,    /* 1 if the buffer is locked */
    BH_Req,     /* 0 if the buffer has been invalidated */
    BH_Mapped,  /* 1 if the buffer has a disk mapping */
    BH_New,     /* 1 if the buffer is new and not yet written out */
    BH_Async,   /* 1 if the buffer is under end_buffer_io_async I/O */
    BH_Wait_IO, /* 1 if we should write out this buffer */
    BH_Launder, /* 1 if we can throttle on this buffer */
    BH_JBD,     /* 1 if it has an attached journal_head */
    BH_PrivateStart,/* not a state bit, but the first bit available
                     * for private allocation by other entities */
};
```

其中有 3 个标志位在记录块的提交过程中尤为重要：BH_Uptodate、BH_Dirty、BH_Lock（以下分别简称为 Uptodate、Dirty、Lock）。

Uptodate 标志通常在读操作时使用，当一个记录块为 Uptodate 时，表示该记录块的内容已经和磁盘上的同步。在读一个文件时如果检查到某个记录块为 Uptodate，就会直接使用其中的数据，否则就要将读请求提交给磁盘，从磁盘上将记录块的内容读入缓存中。在写文件的第 1 阶段调用 generic_commit_write 函数后，就会将记录块设为 Uptodate，表示一种逻辑意义上的同步，然而此时文件内容在物理意义上并没有同步到磁盘，这只是 Linux 为了提高文件读写效率而采取的一种策略。如果一个进程刚写完一个文件，而另一个进程马上去读这个文件时会发现缓存中的记录块为 Uptodate，所以直接将缓存中的内容读出以提高速率，尽管此时磁盘上的内容并没有得到更新。

Dirty 标志通常在写操作时使用，一个记录块为 Dirty 时，表示该记录块的内容已经较磁盘上的内容有所更新，需要写到磁盘上。同时系统中维护着一个记录块“脏”队列，被标记为 Dirty 的记录块都会被挂到此队列中。在第 2 阶段中将记录块提交给磁盘后就会马上将记录块变为 Clean（BH_Dirty 标志位为 1 表示 Dirty，为 0 表示 Clean），并将其从“脏”队列上脱离出来。

一个记录块为 Lock 时表示该记录块正处于第 3 阶段的处理过程中，当处理完成后，在中断函数中就会将记录块标记为 Unlock（BH_Lock 标志位置为 0）。在准备提交一个记录块之前都要检查该记录块是否为 Lock，如果是就表明该记录块已经被提交(包括读请求和写请求)，而应该把它跳过。

综上所述，一个记录块在第 1 阶段完成时其状态应为 Uptodate、Dirty、Unlock；第 2 阶段完成时为 Uptodate、Clean、Lock；第 3 阶段完成时为 Uptodate、Clean、Unlock。

对记录块的提交通常是从 ll_rw_block 开始的，这个函数可以理解为内核中设备驱动层的入口。在该函数中首先按照前面介绍的一些规则对记录块进行检查，然后调用 submit_bh 函数进行提交。

```
/* drivers/block/ll_rw_blk.c */
void ll_rw_block(int rw, int nr, struct buffer_head * bhs[])
{
    ……
    for (i = 0; i < nr; i++) {
        struct buffer_head *bh = bhs[i];
        if (test_and_set_bit(BH_Lock, &bh->b_state))
            continue; /* 如果记录块之前就为 Lock，则将其跳过 */
        ……
        bh->b_end_io = end_buffer_io_sync; /*I/O 完成后处理函数*/
        switch(rw) {
        case WRITE:
            if (!atomic_set_buffer_clean(bh))
                /* Hmmph! Nothing to write */
                goto end_io; /* 之前已经 Clean，不用再提交 */
            __mark_buffer_clean(bh);
            break;

        case READA:
        case READ:
            if (buffer_uptodate(bh))
                /* Hmmph! Already have it */
                goto end_io; /* 已经和设备同步，就不用再读了 */
            break;
        default:
            BUG();
```

```
end_io:
            bh->b_end_io(bh, test_bit(BH_Uptodate,
                                         &bh->b_state));
            continue; /* 跳过该记录块 */
        }
        submit_bh(rw, bh); /* 对符合要求的记录块进行提交 */
    }
}
```

函数首先进行 BH_Lock 标志判断，如果已经 Lock 就表明该记录块正在第 3 阶段中并将其跳过，否则将其 BH_Lock 标志位设为 1。对于写操作，如果之前已经为 Clean 就将其跳过，否则将其设为 Clean，并进行提交，即一个“脏”记录块只会被提交一次。对于读或预读（READA）操作，如果标志为 Uptodate 就表明已经是最新的，就不用再从磁盘读取数据了，否则才向磁盘提交读取数据的请求。

另外，buffer_head 结构中的成员 b_end_io 为一个函数指针，当第 3 阶段完成后，在内核中断响应函数中会调用这个函数对记录块做一些善后处理，在此处将其设置为 end_buffer_io_sync（稍后会对其加以介绍）。

内核工作线程会调用 ll_rw_block 提交记录块。而不同的内核版本具体实现方式有所差别，在 Linux-2.4 内核中该工作线程的名字叫 bdflush，且只有 1 个。到了 Linux-2.6 内核其名字变为 pdflush，线程数量为 2～8 个。到了最近的 Linux-5.x 版本，会根据设备数和 CPU 的核心数来创建工作线程。不管哪个版本其工作原理都是一样的，只是一直在做性能方面的改进。

在 submit_bh 函数以后的操作中，主要是将每一个记录块封装成一个操作请求，然后挂入内核中的一个任务队列。这些都是在函数__make_request 中完成的，调用关系为：submit_bh→generic_make_request→__make_request。

```
/* drivers/block/ll_rw_blk.c */
static int __make_request(request_queue_t * q, int rw,
                          struct buffer_head * bh)
{
    struct request * req;
    ……
    req->elevator_sequence = latency;
```

```
    req->cmd = rw; /* 操作类型(读或写) */
    req->errors = 0;
    req->hard_sector = req->sector = sector; /* 扇区号 */
    req->hard_nr_sectors = req->nr_sectors = count;/*扇区个数*/
    req->current_nr_sectors = count;
    req->nr_segments = 1; /* Always 1 for a new request. */
    req->nr_hw_segments = 1; /* Always 1 for a new request. */
    req->buffer = bh->b_data; /* 数据起始地址 */
    req->waiting = NULL;
    req->bh = bh;
    req->bhtail = bh;
    req->rq_dev = bh->b_rdev; /* 设备号 */
    req->start_time = jiffies; /* 请求开始时间 */
    ……
    add_request(q, req, insert_here);
    ……
}
```

函数中 req 是一个指向 request 结构的指针，代表一个操作请求。对它的设置包括操作类型（读或写）、根据记录块号计算出的扇区号（sector）、扇区个数（count）、数据起始地址（bh->b_data），设备号（bh->b_rdev）等。然后通过 add_request 函数将此请求挂入一个块设备的“任务队列”中，挂入时使用了电梯算法以防止磁头在柱面之间疲于奔命。至此记录块的提交已经完成。

- **磁盘操作完成**

内核中针对每个硬盘都有一个中断服务程序 ide_intr，磁盘在完成任务后就会向内核发出中断，以触发这个函数对操作请求进行一些善后处理，在这一处理过程会调用 end_that_request_first 函数对记录块进行相应处理。

```
/* drivers/block/ll_rw_blk.c */
int end_that_request_first (struct request *req, int uptodate,
                            char *name)
{
    struct buffer_head * bh;
    ……
    if ((bh = req->bh) != NULL) {
```

```
        … …
        req->bh = bh->b_reqnext; /* 将记录块从任务队列中脱链 */
        bh->b_reqnext = NULL;
        bh->b_end_io(bh, uptodate);  /* 调用善后处理函数 */
        … …
    }
    … …
}
```

该函数通过对指针的设置将记录块从“任务队列”中脱离出来，然后通过函数指针 b_end_io 调用记录块的善后处理函数，在前面介绍的 ll_rw_block 函数中该指针被设置为 end_buffer_io_sync。

```
/* fs/buffer.c */
void end_buffer_io_sync(struct buffer_head *bh, int uptodate)
{
    mark_buffer_uptodate(bh, uptodate); /* 标记为 Uptodate */
    unlock_buffer(bh);                  /* 标记为 Unlock */
    put_bh(bh);                         /* 递减使用次数 */
}
```

此处的参数 uptodate 为 1，这里就是将记录块标记为 Uptodate，表示其内容已经和磁盘上同步，实际上这一步操作只是对于读操作有效，因为在读之前 BH_Uptodate 标志位为 0。而对于写操作，在第 1 阶段完成时就已经做了此标记，只不过此处再标记一次也无妨。然后就是将记录块解锁，表示该记录块已经完成了第 3 阶段的操作。最后调用 put_bh 函数递减该记录块的使用次数，当系统内存紧缺时，内核就会将使用计数为 0，并且 BH_Dirty 标记为 0 的记录块回收以供他用。

法则 17：引入并发

引入并发机制是从系统框架层面提升效率的另一种解决方案。一个 CPU（单核）忙不过来，就采用多个 CPU（多核）来处理，甚至有些情况下使用多台计算机协同处理。其思路很直观，就是采用增加投入来扩大产出的方法。

采用并发方法的前提是，大的任务必须能被分解为可以独立执行的若干个小任务。最典型的例子是分布式编译软件，因为针对某一个源文件的编译运算是相对独立的，其不依赖于其他文件的编译结果。假设有 N 个文件需要编译，每个文件的平均编译耗时为 T，那么在单 CPU 串行编译所有文件的情况下，总耗时为 NT。串行编译如图 3-3 所示。

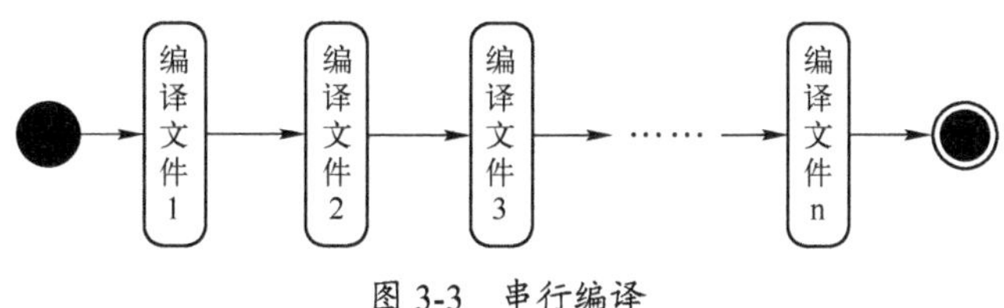

图 3-3　串行编译

引入分布式编译后，假设有 M 个($M<N$)CPU 参与编译，总耗时缩减为 $[(N\text{-}1)\div M]T$，再加上一部分任务分配和结果汇总的开销。分布式编译如图 3-4 所示。

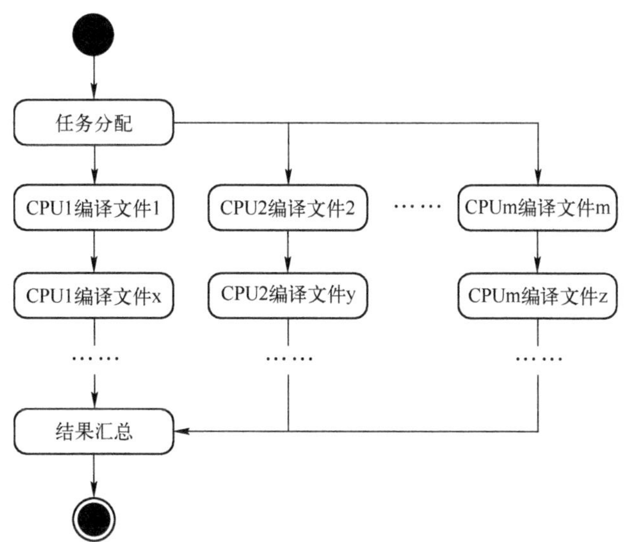

图 3-4　分布式编译

以上例子中耗时任务都有共性而且数量众多，引入并发的方案也比较清晰，把共性的部分提取出来分给各 CPU 执行即可。还有一类问题，其各项流程都不存在共性且都是单一的，但其中也隐含着可以进行并发的思路。运用该方案最经典的一个例子就是我国著名数学家华罗庚提出的统筹方法。

假设需要给客人泡茶，但发现没有开水、茶壶和茶杯也没有洗、茶叶也没有。烧水需要 15min、洗茶壶需要 1min、洗茶杯需要 1min、买茶叶需要 8min，那么总共需要多长时间才能把茶泡上？如果采用顺序执行的方法，先买茶叶，再洗茶杯，然后洗茶壶，最后把水烧开把茶泡上。那么总共需要 25min，如图 3-5 所示。

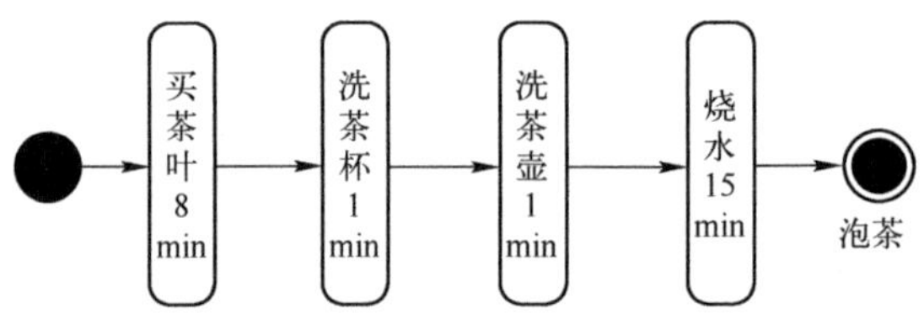

图 3-5 顺序泡茶方法所需时间

但其实这个流程中隐藏着可以并发的环节，因为烧水的时间较长，在烧水的时候还可以干其他事情。于是方案可以优化为：先洗茶壶，然后把水烧上，同时可以去买茶叶，买到茶叶后再把茶杯洗好，然后坐等水烧开，最后泡茶。这样总共只需要 16min，如图 3-6 所示。

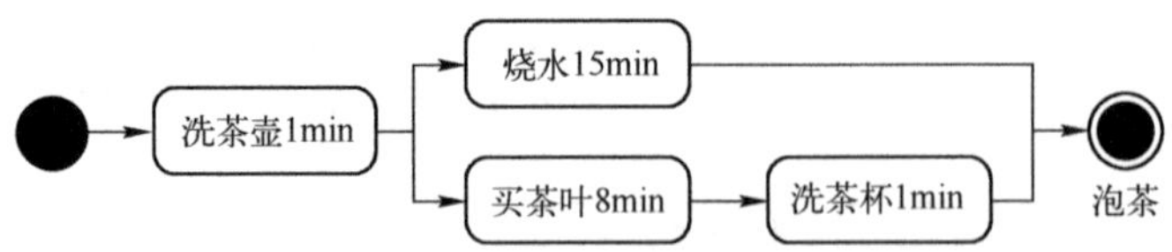

图 3-6 统筹规划泡茶方法所需时间

当然实际应用场景的情况要复杂得多，需要识别耗时的流程，并分析是否有其他流程可以与其并发进行。比如在一些异步交互的系统中，子系统 A 与子系统 B 之间的交互，是同步的还是异步的。如果是同步的，则每一个请求都要等收到响应后才能继续后续流程。需要分析是否可以改为异步，发送完请求后就可继续后续流程，采用状态机的方式等待响应消息。从软件设计师的角度来看，同步流程的代码更为简单，毕竟改为异步的话还需要对状态机进行设计，会增加消息处理流程代码等工作。但如果系统对执行效率有更高的要求，这些工作是必不可少的。

第 4 章：可维护性

代码的维护包含两方面内容：一是代码本身的维护，二是软件发布后对产品的维护。就代码本身而言，当然是逻辑越清晰越容易维护；复杂度越低越容易维护；可读性越高越容易维护。过长的函数、“包罗万象”的文件等代码“坏味道”，都会影响代码的可维护性。因此在开发阶段就需要养成良好的习惯加以避免，否则有时候甚至是软件设计师本人在经过一段时间后再回顾自己的代码时，都会感到一头雾水不知所以。

此外日志和错误提示是容易被忽视的两个部分。也许你习惯于单步调试，但在系统发布使用后，想对一个问题系统地进行单步调式成本极高甚至不可能。因此有经验的软件设计师都会通过日志来分析问题。当然如果错误提示比较明确，用户甚至可以自行解决一些操作或配置类的问题，从而免去了维护人员的参与。

我始终认为可维护性是软件几大特性中重要性排第一的那一个。因为一个系统即使还有诸多瑕疵和问题，只要可维护，就有机会进行修改和完善。假如代码已经千疮百孔，修改时稍有不慎就引入更多问题，那就到了无药可救的地步了，还不如推倒重写。

因此软件设计师在写代码时应该时刻关注可维护性，这不仅是为了自己也是为了他人。因为短期内你写的代码需要由你来维护，长远看可能会有工作交接，由其他人员来维护代码。而一份能够让人充分驾驭的代码总是能令人愉悦的，需要软件设计师朝着这个方向努力。

布线整齐的机房，如图 4-1 所示；布线杂乱无章的机房，如图 4-2 所示。

图 4-1　布线整齐的机房

图 4-2　布线杂乱无章的机房

法则 18：记录日志

日志水平的高低，决定了一名软件设计师的工作效率。

日志记录是否完备，直接影响软件产品维护和问题定位的难易程度。这主要源自以下几个因素。

1）开发人员自己的环境无法覆盖所有的应用场景，某项功能在开发人员的机器上一切正常，但是到了测试人员或用户的机器上就不能达到预期的效果。

2）当在用户现场出现问题时，往往无法再单步调试。如果要在用户现场架设一套调试环境成本太高。

3）有些问题存在一定概率性，并不能 100%复现。而日志可以记录出问题时系统运行的行为，帮助分析问题。

因此，记录有效的日志对于一款成熟的软件产品而言不可或缺。一名优秀的软件设计师可以通过日志来分析定位问题，而一名普通的开发人员往往要依赖 IDE 的单步调试功能才能分析定位问题。

当然，每一名开发人员的学习过程几乎都是从单步调试开始的，它能让程序“停”下来，让开发人员清楚程序每一步的行为，能方便地查看系统中的每一个状态。这当然是一种最方便直接的方法，也让开发人员对此产生了很大的依赖。但是在真实应用场景中，当程序的行为不符合预期时，我们无法通过这种方法去分析问题，日志就成了一个有效的辅助手段。

另外单步调试在某些多线程的系统中往往会带来另外一些问题。有时程序在单步调试时的运行结果和正常运行时的结果不一致，令人一头雾水。这主要是因为单步调试的引入破坏了系统的正常运行流程。断点只是让一个线程停了下来，而系统中的其他线程还在正常运行，此时的被测系统已经不再是“正常状态”下的那个系统了，因此运行结果与正常系统会有出入。

再补充一点，在系统异常的大部分情况下，我不太赞成使用断言（assert）。因为断言会让系统停止运行，用户单击“确定”后还得重新运行系统，这样的体验很糟糕。而我们的软件需要在大部分异常场景可以进行容错或者自愈，以便系统能够继续运行，完成用户的预期要求。实际上日志和断言是异常处理的两个有效手段，它们各有所长，断言主要用在“不可能”出错的地方，这将在“代码看护”一节中进行详细讨论。

那么该如何记录日志呢？答案是：日志内容不能太多也不能太少。这听起来像是一句废话，但的确如此。

日志太多的话会产生很多无效的信息，影响有效信息的获取。比如在一个执行频率很高的地方输出日志，会很快把日志文件写满；日志太少的话缺乏足够的定位信息导致问题无法准确定位。

在所有要求对“度”进行把握的地方，往往总是要更多地依赖经验。也许经常碰到类似这样的问题：在分析日志的过程中需要知道某个变量的值，却发现日志中没有对该变量进行记录。这时候往往只能再添加日志，重新发布新的临时版本到用户现场再次运行并进行定位。

如果平时主要是依赖断点调试程序，当断点走到某处代码时，可以很容易地查看其中的变量，知道程序执行的轨迹，因此往往忽略了对关键信息进行日志记录的重要性。针对这种情况，需要常常提醒自己：如果程序在这里运行失败了，我需要哪些信息才能分析出失败的原因？然后把相应的信息记录到日志中。当然要做好这一点还是取决于个人的经验，但只要在日常编程时养成这样的习惯，情况就会向好的方向发展。

另一个办法来自日常的工作方式。当测试人员向你提交问题时，不要急于在自己的环境中复现并定位问题，而是先尝试在测试人员的环境中通过日志进行定位。如果发现这样无法定位问题时，你就能知道是哪些日志信息不足，然后进行相应的补充。

除此之外，平时写代码时还需要注意以下几点。

- **在错误分支增加日志**

当用户单击一个按钮开始执行某个流程时，如果程序能正确地执行完成，并输出预期的结果，那么一切表现良好。但是如果程序出错并给用户弹出一个执行失败的窗口时，问题就随之而来了。在哪里失败？为何失败？如何修复？……当打开代码开始查看时，会发现异常分支有很多个，如果没有日志的话，很难判断是哪一个分支出的问题。

当一个函数的执行过程很长，且函数返回失败时，如果不能知道具体是哪一个分支失败，那么后续的问题分析就无法再继续了。因此如果能在每一个错误分支都增加日志，那当函数执行失败时，日志能够准确地告诉软件设计师失败的原因在哪。比如以下黑体代码部分在数据库保存失败时，将数据库异常的错误信息记录日志，便于问题分析。

```
try{
    SQLiteDatabase db = getWritableDatabase();
    ContentValues value = new ContentValues();
    value.put(TRecords.difficulty, r.difficulty);
    value.put(TRecords.userName, r.userName);
    value.put(TRecords.score, r.score);
    value.put(TRecords.record, r.record);
    long id = db.insert(TRecords.tbName, TRecords.key, value);
    return id;
}catch(SQLiteException e){
    Log.e(Global.TAG, e.getMessage());
    return -1;
}
```

- **在接口边界处记录日志**

一个大型系统都由多个子系统（模块）组成，而不同的模块往往由不同的开发团队负责。当流程出错时，通过接口处的日志可以快速定位问题出在哪个模块，从而确定相关的责任人进一步分析问题。比如模块 A 调用了模块 B 的某个接口实现某项功能，在调用处模块 A 需要记录其向模块 B 发送请求的所有参数，同时记录模块 B 返回的错误码。一旦请求失败，根据请求参数和错误码可以快速分析问题出在哪个模块。如果接口传入参数都正确，则问题出在模块 B，需要模块 B 的负责人分析其内部出错的原因。而如果是由于某个参数错误导致请求失败，则问题出在模块 A，需要模块 A 的负责人分析参数错误的原因。

比如在我曾参与的一个系统中需要调用底层模块开具发票，如果开票失败则需要根据开票参数分析失败原因。为此我们将传递给底层的开票报文中的每个字段进行了记录。下面是一个 xml 报文（仅摘录部分字段展示）。

```
<INPUT>
  < FPQQLSH>92xxxxxxxxxxxxxxxxxxxxxx291613609</ FPQQLSH>
```

```
  <FJH>0</FJH>
  <XFSH>91yyyyyyyyyyyyyyyy</XFSH>
  <XFMC>XX 商店</XFMC>
  <XPLSH>xxxxxxxxxxxx</XPLSH>
  <FPZL>51</FPZL>
  <KPLX>0</KPLX>
  <XSF_YHZH>中国 XX 银行 XX 分行 xxxxxxxxxxxxxxxxxx</XSF_YHZH>
  <XSF_DZDH>XX 省 XX 市 XX 区 XX 街道 XX 号 1xxxxxxxxxx</XSF_DZDH>
  <GFSH>91xxxxxxxxxxxxxxxx</GFSH>
  <GFMC>XXX 公司</GFMC>
  <GFDZDH></GFDZDH>
  <GFYHZH></GFYHZH>
  <KPR>张三</KPR>
  <SHR>李四</SHR>
  <FHR>王五</FHR>
  <JSHJ>920</JSHJ>
  <HJJE>893.20</HJJE>
  <HJSE>26.80</HJSE>
  <BMBBH>29.0</BMBBH>
  <YFPDM/>
  <YFPHM/>
  <BZ/>
  ......以下省略
</INPUT>
```

因为开具发票失败的原因很多，比如税号错误、单价计算错误、流水号重复等。因此需要详细记录以便分析问题。此外在收到响应报文的地方也需要同样详细地记录响应报文中的内容，包含错误码和错误描述。

```
<RESULTINFO>
  <ERRCODE>XXXX</ERRCODE>
  <MSG>Operation timed out.</MSG>
</RESULTINFO>
```

- **在程序运行的关键节点增加日志**

程序 80%的问题出在接口上，因此在模块的入口和出口处增加日志，并记录足够的信息，这样能记录整个程序的执行流程，方便分析问题。下面是 Linux-3.11.0 内核在我的计算机上运行的日志，我选了一部分来对其进行说明。

```
1  Linux version 3.11.0mIny (root@localhost.localdomain) (gcc
   version 4.7.2 (GCC)) #14 Thu Oct 10 10:19:59 CST 2013
……
3  e820: BIOS-provided physical RAM map:
4  BIOS-e820: [mem 0x0000000000000000-0x000000000009fbff] usable
……
65  127MB HIGHMEM available.
66  887MB LOWMEM available.
……
91  Kernel command line: ro root=/dev/hda8
……
95  Initializing CPU#0
……
136  PCI: MMCONFIG for domain 0000 [bus 00-ff] at [mem 0xe0000000-
     0xefffffff] (base   0xe0000000)
……
441  Probing IDE interface ide0...
442  hda: host max PIO4 wanted PIO255(auto-tune) selected PIO4
443  hda: UDMA/100 mode selected
……
```

第 1 行是内核的版本信息，包括版本号、编译者、编译时间、gcc 版本等。这些内容如同内核的身份信息，进行记录十分必要。接下来是对物理内存的初始化，第 3～66 行记录这个过程，例如第 65 和第 66 行记录了可用内存的大小。grub 加载时会向其传递参数，该参数十分关键，其相当于整个内核的入口参数，第 91 行对其进行了记录。然后是 CPU（第 95 行开始）、PCI 总线（第 136 行开始）、硬盘（第 441 行开始）的初始化信息。

在程序的关键节点记录日志，并记录系统的关键信息，可以有效帮助系统分析问题。当然你也许会问哪些是关键流程和关键信息？这个问题的确很难回答，只有通过不断地实践去总结。实践中紧紧围绕这一目标：仅凭日志就能分析定位问题。

法则 19：明确错误提示

软件产品发布后，用户在使用时难免会碰到错误提示。类似这样笼统的错误提示可能会令用户感到迷惑:“系统内部错误,请联系系统管理员!”。在看到这类错误提示后,用户可能会致电企业的客服人员,寻求解决问题。然而如果用户所描述的操作步骤和问题现象不足以判断问题所在时，客服人员可能会需要用户提供日志文件，以求进一步通过日志分析问题。然而获取日志文件的过程，已经增加了沟通的成本。

当然，还有一类稍做改进的错误提示：“错误代码 xxx，请联系系统管理员!”。在用户向客服人员告知了具体的错误代码之后，客服人员可以依据错误代码查阅常见问题手册，然后指导用户解决问题。这样就省去了获取日志文件的步骤。

然而如果错误提示能更明确一些的话,用户甚至自己就可能解决问题。从而免去一次致电客服的成本。比如下面这些错误提示。

1）“网络异常，请检查网络连接或防火墙设置!”——提示用户检查网络。

2）“连接错误，请检查配置。对端 IP 地址 x.x.x.x 端口号 yyyy”——连接错误时将对端 IP 地址和端口号显示出来，方便用户检查输入信息。

3）“设备读取失败，请检查 USB 连接是否正常!”——提示用户检查 USB 线是否连接正确。

大部分软件使用中的问题都是由操作不当引起的。一组明确的错误提示信息，可以提高问题解决的效率。如果工作涉及 UI 层，尤其要注意这一点。很多开发人员会认为这项工作是产品设计者（产品经理、系统工程师或项目经理）该做的。其实不然，在设计阶段往往无法涉及这么细节的部分，产品设计时更多的是关注功能的正常流程，而对在流程中可能会出现哪些异常，其实是预料不全的。这需要在开发过程中不断进行完善。与记录日志类似，开发人员需要时刻关注且传递尽可能具体的错误提示到用户界面。不妨多做换位思考，开发人员就是软件产品的第一个用户，站在用户的角度去考虑错误提示是否足够友好。同时要考虑普通用户的知识背景，避免太过专业化的提示内容。

比如图 4-3 所示的 Windows XP 系统著名的错误提示：

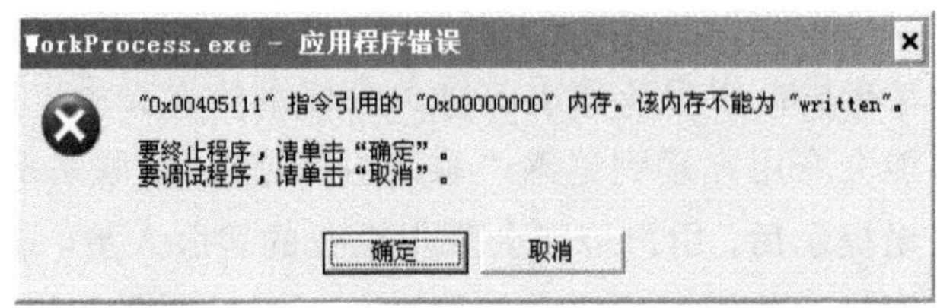

图 4-3　Windows XP 系统非法内存错误提示

曾有客户在他的计算机上碰到过这个提示，他竟然向我询问是不是计算机的内存坏了？是否需要更换一条内存？其实这只是个软件 bug，程序访问了非法内存地址导致崩溃。Win7 系统更换为图 4-4 所示的提示就没那么专业，且更为友好了。

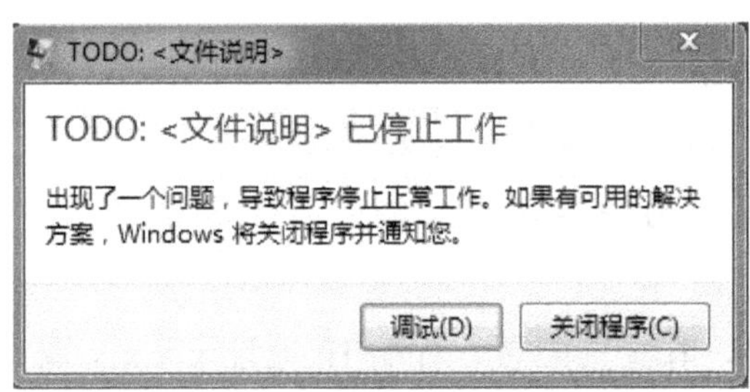

图 4-4　Win7 系统非法内存错误提示

此外，即使不涉及 UI 层的工作，仍需要考虑对外给出一些明确的错误提示。假设负责某个子系统，提供某些接口接收外层模块传入的参数完成某项功能。在做参数检查时，“参数错误”这个提示就没有“参数错误：企业名称不能为空”具体。再如“参数错误：纳税人识别号不能包含小写字母”这类提示，能帮助接口的调用方更快地发现问题所在。如果调用方的开发人员在独自调试程序，那么他可以根据这些明确的错误提示自行检查。而如果提示不够明确，他还需要求助于开发人员帮忙一起分析，增加了时间成本。

我曾碰到过一个真实的案例，一个分布式开具发票管理系统，包含前置系统（A 系统）和控制系统（B 系统）。业务系统调用 A 系统开具发票，

A 系统会将请求转给 B 系统完成实际的开票（开具发票）工作。

发生问题时由于 B 系统磁盘空间已经被占满，写文件时出现异常，但是程序并没有处理这个异常和给出错误提示。导致 B 系统没有给 A 系统回复任何消息，最后 A 系统等待请求超时后向业务系统回复了一个“开票请求超时”的错误提示。维护人员根据这个错误提示进行网络问题排查，结果浪费了大量时间。系统问题长时间得不到解决，也造成大量的客户投诉。如果 B 系统能够返回一个更为明确的错误提示“磁盘空间满”或者“写文件失败”，那么可以指导维护人员更为准确地分析问题，避免由于被误导而浪费时间。

一个明确的错误提示，看似微不足道，但在关键时候能发挥巨大作用。

法则 20：代码看护

代码看护——针对代码中某个约束条件，在程序运行时对其进行判断，当约束条件不满足时，给出明确的提示并终止程序。其具有以下几个特点。

1）看护代码是写在正式代码里的，随版本一起发布，而不是测试用例代码。

2）看护代码需要写在程序必然会执行的流程里，最好写在程序刚开始运行的地方，便于提前暴露问题，而不要写在某个条件分支里。

3）看护代码针对不可能出错的约束条件。其应该只在开发人员调试运行阶段报错，在版本发布后的正式运行阶段是不应该报错的。

在“法则 05：补充注释”一节中介绍过，当代码中存在某种约束，将来修改需要特别注意时，可以用注释的方式加以强调。然而注释只是一种约束性相对较弱的表达方式，更好的方式是利用单元测试用例或代码看护来加以保护。实际上代码看护的保护方式甚至比单元测试用例更可靠。因为随着项目的进行，单元测试用例有可能会不再被维护或者被遗弃，而看护代码会存在于产品的整个生命周期。

另外你也许会疑惑，对于上面第 3 点中提到的不可能应该如何理解？既然不可能，那就不会发生，那何必进行判断呢？实际上不可能指的是在程序发布后实际运行时不可能报错，而在修改代码的调试阶段是有可能报错的。下面通过一个例子来进行说明。

该例子涉及 3 个数据结构，它们之间存在一定关系。假设一个 C/S 架构的系统，在客户端程序中有两个模块，业务模块（Service）需要通过传输模块（Trans）发送一些业务数据。其中业务模块的数据格式定义在 Service.h 文件中。

```
//Service.h 文件中

typedef struct ServiceData{
    int id;
    char content[252];
} ServiceDataT;
```

该数据结构的大小为256字节。在Trans.h文件中，为了通用性，则定义了一个不依赖于任何业务逻辑的通用结构，其大小也是256字节。

```
//Trans.h 文件中

#define TRANS_DATA_SIZE 256
typedef struct TransData{
    char data[TRANS_DATA_SIZE];
} TransDataT;
```

为了增加可靠性，在传输模块内部对传输数据结构进行了扩充，在其首尾都加了标记。同时这些标记仅是Trans模块内部的信息，没必要暴露给外部模块，因此这个数据定义在了Trans.cpp文件中

```
//Trans.cpp 文件中

typedef struct InnerTransData{
    char head[4];
    struct TransData td;
    char tail[4];
} InnerTransDataT;
```

在业务模块需要发送数据时，主要代码如下。

```
TransData* pTD = m_Trans->AllocTransData();
if( pTD != NULL){
    struct ServiceData * pSD = (struct ServiceData *) pTD;
    fillData(pSD);
    m_Trans->SendData(pTD);
    m_Trans->FreeTransData(pTD);
}
```

首先通过Trans的AllocTransData申请一块传输数据内存，再将其转化为Service模块的数据类型并对其进行赋值，再通过Trans的SendData进行发送，最后通过FreeTransData进行释放。

Trans的AllocTransData内部申请内存时，申请的并不是TransData结构的大小，而是InnerTransData结构的大小，因为还要预留传输层首尾标记。代码如下。

```
struct TransData* Trans::AllocTransData()
{
    const int size = sizeof(InnerTransDataT);
    InnerTransDataT* p = (InnerTransDataT*)malloc(size);
    if( !p){
        return NULL;
    }
    return &p->td;  //返回的是 TransData 类型字段 td 的地址
}
```

申请成功后返回的是 InnerTransData 结构中的 td 字段的地址。

然而这 3 个数据结构中存在一个隐性的约束关系，即业务层的 ServiceData 结构的大小不能超过传输层的 TransData 结构的大小。否则就会导致踩内存的情况出现，甚至导致程序崩溃。

当然目前的代码中，两个结构大小正好相等，不会有问题。但是如果今后其他开发人员维护 Service 模块的代码时，如果只扩充了 ServiceData 结构大小而没有同步修改 TransData 结构的话就会引入问题。为此可以在 ServiceData 结构的附近增加注释说明这个情况，然而更好的办法是在 Service 类的构造函数中增加一条代码看护语句。

```
Service::Service(void)
{
    //业务层数据大小不能比传输层数据大
    assert_exit(sizeof(ServiceDataT) <= sizeof(TransDataT));
}
```

这样一旦结构修改导致约束条件不满足时，程序就会报错，提示开发人员进行修正。注意我没有使用标准 C 函数库中的 assert，而是用了一个自定义的宏。因为 assert 只在 DEBUG 版本中有效，在 RELEASE 版本中不起作用。assert_exit 定义如下。

```
#define assert_exit(x) do{\
    if( !(x)){\
    CStringA errMsg; \
    errMsg.Format("file:%s,line:%d assert fail.(%s)",\
            __FILE__, __LINE__, #x);\
    MessageBoxA(NULL, errMsg, "错误", MB_ICONSTOP);\
```

```
    exit(0);\
    }\
}while(0)
```

针对这个例子，你也许会有疑惑：为什么不把 ServiceData 结构直接放入 InnerTransData 中，这样即使 ServiceData 有改变，InnerTransData 的大小也会随之变化，就避免了“踩”内存的风险，也无须再进行代码看护。

```
#include "Service.h"  //增加了对业务层的依赖

struct InnerTransData{
    char head[4];
    struct ServiceData sd;
    char tail[4];
};
```

但是这样一来，需要在 Trans.cpp 中增加对 Service.h 头文件的引用，就增加了对 Service 模块的依赖。Service 和 Trans 变成了相互依赖的两个模块，这导致 Trans 模块不能方便地被重用。在设计程序时，需要时刻关注模块间的依赖关系，如果一个模块想更多地被重用，就要尽量减少其对其他模块的依赖。在“法则 27：写可重用的模块”一节中，会对这个话题进行详细讨论。

另外针对这个例子还有一种解决方案可以避免使用代码看护。就是将 Trans 模块设计得更为灵活一些，当业务层需要发送的数据大于其内部的 TransData 时，将该数据分成若干个 TransData 大小的包来进行分批发送，在接收端组包完成后再将完整数据传给业务层。但这个方案需要额外的工作量，在开发进度不允许的情况下，就暂时进行代码看护吧！

再举一个 Linux 内核中的例子。Linux-2.4 内核中，submit_bh 函数要求提交给其的记录块必须满足一个约束条件：记录块的状态必须是 Lock 的（相关流程在“法则 16：采用缓存”一节中有所介绍）。在函数入口处就对这个条件进行了判断。

```
void submit_bh(int rw, struct buffer_head * bh)
{
    if (!test_bit(BH_Lock, &bh->b_state))/*验证加锁情况*/
```

```
        BUG();
    ……
}
```

如果不满足，就调用BUG()让内核产生“非法指令异常”，内核会打印提示并停止运行。

```
#define BUG() do { \
    printk("kernel BUG at %s:%d!\n", __FILE__, __LINE__); \
    __asm__ __volatile__(".byte 0x0f,0x0b"); \ /*非法指令异常*/
} while (0)
```

这就是设备驱动层的一种代码看护。Linux 内核支持多种文件系统，有些文件系统的开发人员没有留意到设备驱动层的这一要求，在开发时传入了不满足条件的记录块，那么程序运行到这里就会给出提醒。这个方法比在函数上方使用大量的注释说明更加有效。

法则 21：消除冗余代码

冗余代码是导致软件产品质量下降的一个主要原因，在需求变化时总有那么几个地方会遗漏修改。当然除非软件发布第一个版本后就无须再进行修改，这样即使有冗余代码也不会有任何问题。但现实中这样的情况几乎不存在，需求变化和软件迭代不可避免。

复制粘贴这种不好的开发习惯导致了大量冗余代码的产生。这种方式写起来很顺手，但改起来就异常痛苦。因此我们需要把容易变化的地方集中起来，一次需求变化只集中修改一个地方。《重构：改善既有代码的设计》一书中介绍的提取公共函数方法（Extract Method）可以解决大部分问题，此外下面再介绍另外两种方法。

- **表驱动法**

表驱动法最常用的一种场景是用其替代 if...else 或 switch...case 语句，使用查表的方式实现代码逻辑，可以使代码更为简单明了，同时可以获得更高的执行效率。但其还有另一种运用场景，可以消除冗余代码，使得代码更灵活，方便应对将来需求的变化。

假设下面一段代码需要初始化一些 ICON 图标。

```
m_ImageList.Add(LoadIcon(hRsc, MAKEINTRESOURCE(ICON1)));
m_ImageList.Add(LoadIcon(hRsc, MAKEINTRESOURCE(ICON2)));
m_ImageList.Add(LoadIcon(hRsc, MAKEINTRESOURCE(ICON3)));
```

我们先只关注代码的逻辑结构，可以发现，每一行代码中大部分内容都是相同的，即 ICON1 前面的部分。

```
m_ImageList.Add(LoadIcon(hRsc, MAKEINTRESOURCE(
```

其实这也是冗余代码的一种。如果还需要再初始化第 4 个 ICON 时，你可能会采用复制粘贴的方法：把第 3 行代码复制一份，然后把 ICON3 改为 ICON4。

```
m_ImageList.Add(LoadIcon(hRsc, MAKEINTRESOURCE(ICON1)));
m_ImageList.Add(LoadIcon(hRsc, MAKEINTRESOURCE(ICON2)));
```

```
m_ImageList.Add(LoadIcon(hRsc, MAKEINTRESOURCE(ICON3)));
m_ImageList.Add(LoadIcon(hRsc, MAKEINTRESOURCE(ICON4)));
```

然而，如果 ICON 的数量越来越多，冗余代码的问题就会越来越明显。可以想象当有 10 个 ICON 时，这段代码会变得多么臃肿。

在写代码时有一个信号需要注意：如果经常用到复制粘贴，此时需要停下来好好思考。一方面这会导致冗余代码的产生；另一方面肯定有更为灵活的方法避免产生冗余代码。针对上面的这种情况，使用表驱动法就是一个很好的解决方案。

这类冗余代码通常可以分为两部分：一部分是固定的；一部分是变化。我们可以把变化的部分提取出来，放到数组当中，然后将固定的部分放入循环体内。下面就是采用表驱动法优化后的代码。

```
int ids[] = {ICON1, ICON2, ICON3, ICON4};
for(int i = 0; i < sizeof(ids)/sizeof(ids[0]); i++){
   m_ImageList.Add(LoadIcon(hRsc, MAKEINTRESOURCE(ids[i])));
}
```

第 1 行是变化的部分，用一个数组 ids 对不同的 ICON ID 进行保存。后面的 for 循环是固定的部分，对每一个 ids[i]进行相同的操作。

当需要初始化的 ICON 数量增加到 10 个时，仅需要修改数组的初始化部分即可，代码并不会显得臃肿。

```
int ids[] = {ICON1, ICON2, ICON3, ICON4, ICON5,
              ICON6, ICON7, ICON8, ICON9, ICON10};
for(int i = 0; i < sizeof(ids)/sizeof(ids[0]); i++){
   m_ImageList.Add(LoadIcon(hRsc, MAKEINTRESOURCE(ids[i])));
}
```

运用表驱动法的核心思路是：将代码中容易变化的部分抽取出来，当需求变化时所需修改的地方就会相对集中。这样可以提高效率，避免犯错。

另外在使用这个方法时，有几个细节需要注意。

第一，不要直接指定数组中元素的个数。比如下面这样的代码。

```
int ids[3] = {ICON1, ICON2, ICON3};
```

上面数组中有 3 个元素，在数组 ids 定义时在中括号“[ ]”里填入了 3。

而当元素数量扩大到4个时，就需要改两个地方。第一个地方是将中括号“[ ]”里的3改成4，第二个地方是在数组初始化列表中添加ICON4。

```
int ids[4] = {ICON1, ICON2, ICON3, ICON4};
```

第二，不要直接指定for循环中的循环次数。比如下面这样的代码。

```
for(int i = 0; i < 3; i++){
```

当数组元素数量变化时，仍然需要修改两个地方。因此这里使用了C/C++的语法特性，用sizeof(ids)/sizeof(ids[0])直接计算出了数组元素的数量，而且数组元素数量变化时这里不需要修改。而如果是Java语言，可以使用ids.length来代替。

第三，如果数组中元素数量很多，并且这段代码会被执行得比较频繁，那么就需要考虑对该数组初始化时的CPU开销了。实际上这个数组中的内容是固定的，只需要初始化一次即可。因此可以考虑将其定义为static类型。

```
static int ids[] = {ICON1, ICON2, ICON3, ICON4};
```

- **回调法**

假设如下Java代码实现了一个简单的二叉树结构。

```
final int ND_ENABLE = 1;
final int ND_DISABLE = 2;
class Node{
    int status;
    int value;

    Node letfLeaf;
    Node rightLeaf;
}
```

每个节点有两个字段status和value。如果要将根节点mRoot下的每个节点的value字段值加1，可以采用非递归算法遍历整个二叉树。

```
private void IncreaseValueForEachNode(Node nd){
    Stack<Node> s = new Stack<Node>();
    while (nd != null || !s.empty()) {
        while (nd != null) {
```

```
            nd.value++;  //差异部分
            s.push(nd);
            nd = nd.letfLeaf;
        }
        if (!s.empty()) {
            nd = s.pop();
            nd = nd.rightLeaf;
        }
    }
}
```

调用处代码如下所示。

```
IncreaseValueForEachNode(mRoot);
```

当有另一个业务场景需要将每个节点的 status 字段设置为 enable 时，你可能会复制粘贴上面的遍历代码，然后仅将 nd.value++这一行改成 nd.status = ND_ENABLE 即可，得到如下代码。

```
private void EnableEachNode(Node nd){
    Stack<Node> s = new Stack<Node>();
    while (nd != null || !s.empty()) {
        while (nd != null) {
            nd.status = ND_ENABLE;  //差异部分
            s.push(nd);
            nd = nd.letfLeaf;
        }
        if (!s.empty()) {
            nd = s.pop();
            nd = nd.rightLeaf;
        }
    }
}
```

显然这两个函数只有一行代码不一样，其他遍历二叉树的代码都是相同的，这就形成了冗余代码。类似这样的代码不能简单地通过提取公共函数的方式来消除冗余，因为它们的差异部分融入到了整体代码当中。

不过可以使用回调的方式，将差异的部分剥离出来作为回调接口，将公共的遍历部分写成一个固定函数。首先定义一个回调接口。

```
interface NodeTreate{
    public void run(Node nd);
}
```

然后用一个固定的遍历二叉树的函数，针对每一个节点，调用上面的回调接口。

```
public void ForEachNodeDo(Node nd, NodeTreate treate){
    Stack<Node> s = new Stack<Node>();
    while (nd != null || !s.empty()) {
        while (nd != null) {
            treate.run(nd);  //回调接口，具体方法由上层决定
            s.push(nd);
            nd = nd.letfLeaf;
        }
        if (!s.empty()) {
            nd = s.pop();
            nd = nd.rightLeaf;
        }
    }
}
```

当需要针对每个节点的 value 值加 1 时，可以实现下面这个接口。

```
class IncreaseNode implements NodeTreate{
    public void run(Node nd){
        nd.value++;
    }
}
```

然后使用下面的方式调用。

```
ForEachNodeDo(mRoot, new IncreaseNode());
```

当需要将每个节点的 status 字段设置为 enable 时，可以实现另一个类。

```
class EnableNode implements NodeTreate{
    public void run(Node nd){
        nd.status = ND_ENABLE;
```

```
    }
}
```

并使用下面方式调用。

```
ForEachNodeDo(mRoot, new EnableNode());
```

这样就避免了遍历二叉树的冗余代码。这个例子中使用了Java语言中的接口interface，如果是C/C++就要更灵活一些，可以使用函数指针作为回调接口。

法则 22：掌握逻辑运算

写代码必然碰到涉及“与”“或”“非”的逻辑判断，因此有必要掌握逻辑运算方法。这有助于我们正确理解代码逻辑，必要时化繁为简。

在数学公式中用大写字母和特殊符号表示逻辑表达式，以下为逻辑表达式。

```
A与B—— A ∧ B
A或B—— A ∨ B
非A——¬A
```

用 C/C++/Java 语言的语法将上述逻辑表示为如下形式。

```
A与B—— A && B
A或B—— A || B
非A—— !A
```

在程序中逻辑运算满足以下定律和公式。

1）结合律。

```
A && (B && C) = (A && B) && C
A || (B || C) = (A || B) || C
```

2）分配律。

```
A && (B || C) = (A && B) || (A && C)
A || (B && C) = (A || B) && (A || C)
```

3）反演律。

```
!(A || B) = !A && !B
!(A && B) = !A || !B
```

4）运算公式。

```
false && A = false
true && A = A
false || A = A
true || A = true
```

```
A && !A = false
A || !A = true
!!A = A
```

在掌握上述定律和公式后，下面通过一个例子说明如何运用上述的逻辑运算方法简化代码中的复杂逻辑判断。如下代码来自 Linux-2.4.0 内核。el3_probe 函数中有一个很复杂的逻辑判断。

```
int el3_probe(struct net_device *dev)
{
    ……
    /* probing for a card at a particular IO/IRQ */
    if(dev && ((dev->irq >= 1 && dev->irq != irq) ||
       (dev->base_addr >= 1 && dev->base_addr != ioaddr))){
       slot++;         /* probing next slot */
       continue;
    }
    ……
}
```

这样的代码令人难以理解并难以维护，因此现在我们尝试对其进行简化。通过注释可以看出这个 if 语句是用于判断某个设备（card）是否在一个特定的 IO 或中断（IRQ）上。简化步骤如下。

第一步，把这段代码封装到一个判断函数中，将该判断函数命名为 particular_card，同时将需要的参数传入。

```
int el3_probe(struct net_device *dev)
{
    ……
    if(particular_card(dev, irq, ioaddr)){
       slot++; /* probing next slot */
       continue;
    }
    ……
}
/* probing for a card at a particular IO/IRQ */
int particular_card(struct net_device *dev, int irq, int ioaddr)
{
```

```
    if(dev && ((dev->irq >= 1 && dev->irq != irq) ||
        (dev->base_addr >= 1 && dev->base_addr != ioaddr))){
        return 1;
    }
    return 0;
}
```

第二步，运用反演律消除第一个“与”逻辑，把对 dev 的逻辑判断移出。

```
int particular_card(struct net_device *dev, int irq, int ioaddr)
{
    if( !dev){
        return 0;
    }

    if( (dev->irq >= 1 && dev->irq != irq) ||
        (dev->base_addr >= 1 && dev->base_addr != ioaddr)) {
        return 1;
    }
    return 0;
}
```

第三步，再消除剩下的“或”逻辑。

```
int particular_card(struct net_device *dev, int irq, int ioaddr)
{
    if( !dev){
        return 0;
    }

    if(dev->irq >= 1 && dev->irq != irq){
        return 1;
    }

    if(dev->base_addr >= 1 && dev->base_addr != ioaddr){
        return 1;
    }
    return 0;
}
```

经过变换这个判断逻辑就更简单清晰了。做这样的逻辑变换，无须知道代码的业务逻辑（需求背景），仅仅根据代码本身就可以进行。

读者可能对上述第二步变换还有些疑惑，下面再做个详细说明。

首先把 if 语句中的逻辑看作两部分。

```
if(dev && ((dev->irq >= 1 && dev->irq != irq) ||
   (dev->base_addr >= 1 && dev->base_addr != ioaddr)))
```

dev 看作 A，&&号后面的这一串看作 B，则这个逻辑判断表示为如下形式。

```
if(A && B){
    return 1;
}
return 0;
```

这个逻辑判断等价于如下形式。

```
if( !(A && B)){
    return 0;
}
return 1;
```

运用反演律变换（这是关键的一步）。

```
if( !A || !B){
    return 0;
}
return 1;
```

把“或”关系拆分。

```
if( !A){
    return 0;
}
if( !B){
    return 0;
}
return 1;
```

把针对 B 的判断进行变换。

```
if( !A)
    return 0;
}
if(B){
    return 1;
}
return 0;
```

最后得到如下结果。

```
if( !dev){
    return 0;
}
if( (dev->irq >= 1 && dev->irq != irq) ||
    (dev->base_addr >= 1 && dev->base_addr != ioaddr)) {
    return 1;
}
return 0;
```

此外需要特别注意的是，逻辑运算定律中的交换律在程序中并不适用。

```
A ∧ B = B ∧ A  //程序中并不适用
A ∨ B = B ∨ A  //程序中并不适用
```

因为代码是从左到右执行的，执行结果与表达式的执行先后顺序有关。因此上述逻辑在代码中并不等价。思考如下代码。

```
if ( f && f->f_open ) {
    err = f->f_open(inode, f);
    ……
}
```

对指针合法性的判断需要逐级进行，如果修改顺序为如下形式。

```
if ( f->f_open && f ) {
    err = f->f_open(inode, f);
    ……
}
```

一旦 f 指针为 NULL，第一个表达式 f→f_open 就会导致程序异常。

法则 23：控制函数规模

刚接触编程的软件设计师往往容易写出记“流水账”似的长函数，然而如果职业生涯中没有养成良好的编程习惯，这个问题会一直存在。据说 Windows NT 源码中也曾出现过上千行的函数。相信大多数软件设计师都感受过维护这类长函数的痛苦。这类函数逻辑复杂，不易于维护。

为了避免这个问题，我在 Z 公司时一个项目组曾制定了一条编程规范：函数长度不得超过 50 行。然而我认为这并不是最好的方式，甚至觉得有些偏激。长函数难以阅读并非是因为它“长”，主要原因还是因为其内部逻辑复杂。比如 Linux-2.4.0 内核中的 blk_dev_init 函数就有 100 多行，但是其逻辑并不复杂，只是依次调用了其他 30 多个子模块的初始化函数。因篇幅限制仅展示如下一部分代码。

```
int __init blk_dev_init(void)
{
    struct blk_dev_struct *dev;
  ……
    ide_init();         /* this MUST precede hd_init */
    hd_init();
    ps2esdi_init();
    xd_init();
    mfm_init();
    swim3_init();
    swimiop_init();
    amiga_floppy_init();
    atari_floppy_init();
  ……
    return 0;
};
```

在我的职业生涯中，我给自己定了一条编程规范并一直在执行：函数的局部变量一般不超过 5 个，最多不超过 8 个，以此来控制函数的复杂度。因为每一个变量都涉及一项逻辑关系，变量越多所涉及的逻辑关系就越多。

对于 C 语言，变量的定义必须放到函数顶端，局部变量的个数很好查看。但对于 C++或 Java 语言，可以在函数的任意位置定义变量，这就需要开发人员时刻关注函数中变量的总数。总之通过控制函数局部变量的个数来控制函数规模是一种可取的办法。一旦局部变量个数过多，则需要进行子功能划分和封装。

下面通过一个真实案例说明如何控制函数规模。代码摘自 Linux-2.6.10 内核的 mm/memory.c 文件，为方便说明以下每行代码左侧均添加了行号。

```
int copy_page_range(struct mm_struct *dst, struct mm_struct *src,
            struct vm_area_struct *vma)
{
    pgd_t * src_pgd, * dst_pgd;
    unsigned long address = vma->vm_start;
    unsigned long end = vma->vm_end;
    unsigned long cow;

    if (is_vm_hugetlb_page(vma))
        return copy_hugetlb_page_range(dst, src, vma);

    cow = (vma->vm_flags & (VM_SHARED | VM_MAYWRITE)) == VM_MAYWRITE;
    src_pgd = pgd_offset(src, address)-1;
    dst_pgd = pgd_offset(dst, address)-1;

    for (;;) {
        pmd_t * src_pmd, * dst_pmd;

        src_pgd++; dst_pgd++;

        /* copy_pmd_range */

        if (pgd_none(*src_pgd))
            goto skip_copy_pmd_range;
        if (unlikely(pgd_bad(*src_pgd))) {
            pgd_ERROR(*src_pgd);
            pgd_clear(src_pgd);
skip_copy_pmd_range:   address = (address + PGDIR_SIZE) & PGDIR_MASK;
            if (!address || (address >= end))
```

```
                goto out;
            continue;
        }

        src_pmd = pmd_offset(src_pgd, address);
        dst_pmd = pmd_alloc(dst, dst_pgd, address);
        if (!dst_pmd)
            goto nomem;

        do {
            pte_t * src_pte, * dst_pte;

            /* copy_pte_range */

            if (pmd_none(*src_pmd))
                goto skip_copy_pte_range;
            if (unlikely(pmd_bad(*src_pmd))) {
                pmd_ERROR(*src_pmd);
                pmd_clear(src_pmd);
skip_copy_pte_range:
                address = (address + PMD_SIZE) & PMD_MASK;
                if (address >= end)
                    goto out;
                goto cont_copy_pmd_range;
            }

            dst_pte = pte_alloc_map(dst, dst_pmd, address);
            if (!dst_pte)
                goto nomem;
            spin_lock(&src->page_table_lock);
            src_pte = pte_offset_map_nested(src_pmd, address);
            do {
                pte_t pte = *src_pte;
                struct page *page;
                unsigned long pfn;

                /* copy_one_pte */

```

```
            if (pte_none(pte))
                goto cont_copy_pte_range_noset;
            /* pte contains position in swap, so copy. */
            if (!pte_present(pte)) {
                if (!pte_file(pte)) {
                    swap_duplicate(pte_to_swp_entry(pte));
                    if (list_empty(&dst->mmlist)) {
                        spin_lock(&mmlist_lock);
                        list_add(&dst->mmlist,
                             &src->mmlist);
                        spin_unlock(&mmlist_lock);
                    }
                }
                set_pte(dst_pte, pte);
                goto cont_copy_pte_range_noset;
            }
            pfn = pte_pfn(pte);
            /* the pte points outside of valid memory, the
             * mapping is assumed to be good, meaningful
             * and not mapped via rmap - duplicate the
             * mapping as is.
             */
            page = NULL;
            if (pfn_valid(pfn))
                page = pfn_to_page(pfn);

            if (!page || PageReserved(page)) {
                set_pte(dst_pte, pte);
                goto cont_copy_pte_range_noset;
            }

            /*
             * If it's a COW mapping, write protect it both
             * in the parent and the child
             */
            if (cow) {
                ptep_set_wrprotect(src_pte);
                pte = *src_pte;
```

```
                }

                /*
                 * If it's a shared mapping, mark it clean in
                 * the child
                 */
                if (vma->vm_flags & VM_SHARED)
                    pte = pte_mkclean(pte);
                pte = pte_mkold(pte);
                get_page(page);
                dst->rss++;
                if (PageAnon(page))
                    dst->anon_rss++;
                set_pte(dst_pte, pte);
                page_dup_rmap(page);
cont_copy_pte_range_noset:
                address += PAGE_SIZE;
                if (address >= end) {
                    pte_unmap_nested(src_pte);
                    pte_unmap(dst_pte);
                    goto out_unlock;
                }
                src_pte++;
                dst_pte++;
            } while ((unsigned long)src_pte & PTE_TABLE_MASK);
            pte_unmap_nested(src_pte-1);
            pte_unmap(dst_pte-1);
            spin_unlock(&src->page_table_lock);
            cond_resched_lock(&dst->page_table_lock);
cont_copy_pmd_range:
            src_pmd++;
            dst_pmd++;
        } while ((unsigned long)src_pmd & PMD_TABLE_MASK);
    }
out_unlock:
    spin_unlock(&src->page_table_lock);
out:
    return 0;
```

```
364 nomem:
365     return -ENOMEM;
366 }
```

copy_page_range 函数用于复制进程间的内存页面，并逐层处理页面目录和页面表项。该函数有 3 层循环，第 236 行开始为一个 for 循环，处理页面目录。第 259 和第 281 行开始分别是两个 do...while 循环，处理中间目录和页面表项。此外从第 291 到第 303 行又有 3 个嵌套的 if 语句，代码已经非常靠右。导致了第 296 和第 297 行原本只需要一行代码的一个函数调用要拆分为 2 行来写，否则就会超过每行代码 80 个字符的编程规范限制（注意 Linux 内核代码风格的缩进为 1 个 Tab 对应 8 个空格，第 296 行的最后一个逗号已经位于第 78 个字符了）。

```
296                             list_add(&dst->mmlist,
297                                 &src->mmlist);
```

再来数一数局部变量的个数。函数开始部分定义了 5 个局部变量，在每层循环嵌套中又分别定义了几个：第 237 行两个，第 260 行两个，第 282～第 284 行 3 个，共 12 个局部变量。该函数已相当复杂，可维护性不高。

Linux-2.6.11 版本对该函数进行了拆分，将针对各级内存的处理分别放到了单独的函数中。代码如下。

```
int copy_page_range(struct mm_struct *dst, struct mm_struct *src,
        struct vm_area_struct *vma)
{
        pgd_t *src_pgd, *dst_pgd;
        unsigned long addr, start, end, next;
        int err = 0;

        if (is_vm_hugetlb_page(vma))
                return copy_hugetlb_page_range(dst, src, vma);

        start = vma->vm_start;
        src_pgd = pgd_offset(src, start);
        dst_pgd = pgd_offset(dst, start);

        end = vma->vm_end;
```

```
        addr = start;
        while (addr && (addr < end-1)) {
                next = (addr + PGDIR_SIZE) & PGDIR_MASK;
                if (next > end || next <= addr)
                        next = end;
                if (pgd_none(*src_pgd))
                        goto next_pgd;
                if (pgd_bad(*src_pgd)) {
                        pgd_ERROR(*src_pgd);
                        pgd_clear(src_pgd);
                        goto next_pgd;
                }
                err = copy_pud_range(dst, src, dst_pgd, src_pgd,
                                     vma, addr, next);
                if (err)
                        break;

next_pgd:
                src_pgd++;
                dst_pgd++;
                addr = next;
        }

        return err;
}
```

copy_pud_range 函数处理 pud 目录。

```
static int copy_pud_range(struct mm_struct *dst_mm,
        struct mm_struct *src_mm, pgd_t *dst_pgd,
        pgd_t *src_pgd, struct vm_area_struct *vma,
        unsigned long addr, unsigned long end)
{
        pud_t *src_pud, *dst_pud;
        int err = 0;
        unsigned long next;

        src_pud = pud_offset(src_pgd, addr);
        dst_pud = pud_alloc(dst_mm, dst_pgd, addr);
```

```
	if (!dst_pud)
		return -ENOMEM;

	for (; addr < end; addr = next, src_pud++, dst_pud++) {
		next = (addr + PUD_SIZE) & PUD_MASK;
		if (next > end || next <= addr)
			next = end;
		if (pud_none(*src_pud))
			continue;
		if (pud_bad(*src_pud)) {
			pud_ERROR(*src_pud);
			pud_clear(src_pud);
			continue;
		}
		err = copy_pmd_range(dst_mm, src_mm, dst_pud, src_pud,
						vma, addr, next);
		if (err)
			break;
	}
	return err;
}
```

copy_pmd_range 函数处理中间目录。

```
static int copy_pmd_range(struct mm_struct *dst_mm,
	struct mm_struct *src_mm, pud_t *dst_pud,
	pud_t *src_pud, struct vm_area_struct *vma,
	unsigned long addr, unsigned long end)
{
	pmd_t *src_pmd, *dst_pmd;
	int err = 0;
	unsigned long next;

	src_pmd = pmd_offset(src_pud, addr);
	dst_pmd = pmd_alloc(dst_mm, dst_pud, addr);
	if (!dst_pmd)
		return -ENOMEM;

	for (; addr < end; addr = next, src_pmd++, dst_pmd++) {
```

```
                next = (addr + PMD_SIZE) & PMD_MASK;
                if (next > end || next <= addr)
                        next = end;
                if (pmd_none(*src_pmd))
                        continue;
                if (pmd_bad(*src_pmd)) {
                        pmd_ERROR(*src_pmd);
                        pmd_clear(src_pmd);
                        continue;
                }
                err = copy_pte_range(dst_mm, src_mm, dst_pmd, src_pmd,
                                  vma, addr, next);
                if (err)
                        break;
        }
        return err;
}
```

copy_pte_range 函数处理页面目录。

```
static int copy_pte_range(struct mm_struct *dst_mm,
        struct mm_struct *src_mm, pmd_t *dst_pmd,
        pmd_t *src_pmd, struct vm_area_struct *vma,
        unsigned long addr, unsigned long end)
{
        pte_t *src_pte, *dst_pte;
        pte_t *s, *d;
        unsigned long vm_flags = vma->vm_flags;

        d = dst_pte = pte_alloc_map(dst_mm, dst_pmd, addr);
        if (!dst_pte)
                return -ENOMEM;

        spin_lock(&src_mm->page_table_lock);
        s = src_pte = pte_offset_map_nested(src_pmd, addr);
        for (; addr < end; addr += PAGE_SIZE, s++, d++) {
                if (pte_none(*s))
                        continue;
                copy_one_pte(dst_mm, src_mm, d, s, vm_flags, addr);
```

```
        }
        pte_unmap_nested(src_pte);
        pte_unmap(dst_pte);
        spin_unlock(&src_mm->page_table_lock);
        cond_resched_lock(&dst_mm->page_table_lock);
        return 0;
}
```

copy_one_pte 函数处理页面表项。

```
static inline void
copy_one_pte(struct mm_struct *dst_mm,  struct mm_struct *src_mm,
        pte_t *dst_pte, pte_t *src_pte, unsigned long vm_flags,
        unsigned long addr)
{
        pte_t pte = *src_pte;
        struct page *page;
        unsigned long pfn;

        /* pte contains position in swap, so copy. */
        if (!pte_present(pte)) {
                copy_swap_pte(dst_mm, src_mm, pte);
                set_pte(dst_pte, pte);
                return;
        }
        pfn = pte_pfn(pte);
        /* the pte points outside of valid memory, the
         * mapping is assumed to be good, meaningful
         * and not mapped via rmap - duplicate the
         * mapping as is.
         */
        page = NULL;
        if (pfn_valid(pfn))
                page = pfn_to_page(pfn);

        if (!page || PageReserved(page)) {
                set_pte(dst_pte, pte);
                return;
```

```
        }

        /*
         * If it's a COW mapping, write protect it both
         * in the parent and the child
         */
        if ((vm_flags & (VM_SHARED | VM_MAYWRITE)) == VM_MAYWRITE) {
                ptep_set_wrprotect(src_pte);
                pte = *src_pte;
        }

        /*
         * If it's a shared mapping, mark it clean in
         * the child
         */
        if (vm_flags & VM_SHARED)
                pte = pte_mkclean(pte);
        pte = pte_mkold(pte);
        get_page(page);
        dst_mm->rss++;
        if (PageAnon(page))
                dst_mm->anon_rss++;
        set_pte(dst_pte, pte);
        page_dup_rmap(page);
}
```

一个大的函数被拆分为多个粒度更小的子函数，每个子函数功能更加单一，更易于维护。

细心的读者可能已经发现，Linux-2.6.11 内核的这一次变化，不仅仅是重构了老代码，而且还增加了一项功能：内存页面的映射从 3 级映射扩展为 4 级映射，增加了一级 pud 映射。试想如果不做重构，把这个功能“硬塞”到老代码中会是什么情形？老代码会再增加一级嵌套，代码会更加靠右，而老代码中第 296 和第 297 行的那 2 行代码可能就没地方放了。因此到了必须进行代码重构的时候了。

在实际工作中何时进行重构是一个值得商榷的问题。一部分“激进”

的软件设计师“闻”到代码“坏味道”就想重构，而一部分“保守”的管理者则总是想尽量少改动既有代码，担心引入问题。

我的建议和 Linux 内核一样偏“保守”。copy_page_range 这个函数其实从 Linux-2.4.0 内核开始，就一直是 3 层循环的结构。历经数年一直运行得不错，一些小的修改也是基于这个结构进行的。如果不是因为老代码结构无法满足功能扩展，我想它可能会一直延续下去。这正好印证了那句老话：东西如果没有坏就不要去修它。当然对于新写的代码，尽量在第一次设计时就把结构规划好，以免函数过长。

法则 24：控制文件规模

控制文件规模这个命题本质上属于管理学的范畴。我认为管理学所要解决的问题是：将一个大型的任务合理地拆分为若干规模较小的任务，然后安排合适的人或团队完成这些任务。

我曾经参与的一个项目中，一个 C 语言源文件超过了数千行，以至于使用某些文档编辑工具无法打开，维护该文件时非常痛苦。随着功能的不断增加，当一个文件的规模不断扩大，最终变成一个“大杂烩”时，其维护成本会呈几何倍数增加。首先它会变得难以理解，可读性将会下降；其次会有更多的开发人员使用同一个文件，在修改代码时出现冲突的可能性会增大，增加合并代码的工作量。因此将功能进行合理的拆分十分重要。

这是我曾参与过的一个真实案例。在一个项目中，主窗口（CMainFrame）收到不同子视图（View）的结果数据后，需要将其结果更新到子视图中。最初的代码类似下面这样，所有的工作都在主窗口中完成。

```
void CMainFrame::OnResultNotify(int viewId, Result* pResult)
{
    switch(viewId){
    case 1:
        UpdateDataView1(pResult);
        break;
    case 2:
        UpdateDataView2(pResult);
        break;
    ……
    }
}

void CMainFrame::UpdateDataView1(Result *pResult)
{
……//更新 View1 的数据
}

void CMainFrame::UpdateDataView2(Result *pResult)
```

```
{
……//更新 View2 的数据
}
```

当我写完第 2 个子视图的代码后，就意识到了可能会存在的问题。因为需要处理的子视图有几十个，如果照此方式，几十个数据处理函数都会放到 CMainFrame 中，会使其变得臃肿。因此我对功能进行了拆分，把各子视图的功能放到了各自的类中独立处理。同时注意到它们之间具有的共性，采用了一个统一的接口。

修改时首先定义了一个抽象的基类 View，然后让 View1 和 View2 都派生自 View，并分别重写 UpdateData 更新各自的数据。

```
class View
{
public:
    virtual void UpdateData(Result*) = 0;
};

class View1 : public View
{
public:
    virtual void UpdateData(Result*)
    {
    ……//更新 View1 的数据
    }
};

class View2 : public View
{
public:
    virtual void UpdateData(Result*)
    {
    ……//更新 View2 的数据
    }
};
```

然后在 CMainFrame 中，仅需根据不同的 viewId 查找到相应的 View

对象后，调用其接口函数 UpdateData 即可。

```
void CMainFrame::OnResultNotify(int viewId, Result * pResult)
{
    View* pView = FindView(viewId);
    if (pView != NULL) {
        pView->UpdateData(pResult);
    }
}
```

在本例中，框架类（CMainFrame）不负责任何具体的工作，这些工作都委托给了各子视图（View）去完成。图 4-5 所示为优化后的类图。

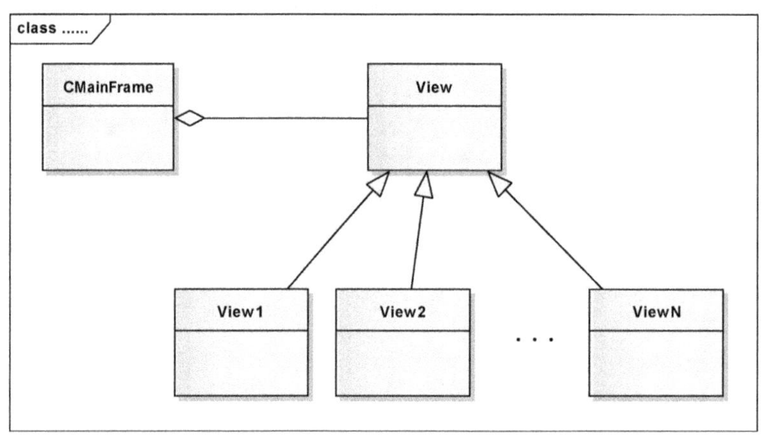

图 4-5 优化后的类图

然而，实际开发的过程中各类的功能要划分到什么程度，并没有一个统一的标准。总之把一个复杂的事物拆分为相对简单的模块，各模块的功能尽可能单一就是我们工作的方向。

第 5 章：可扩展性

代码可扩展性主要为了满足写代码的高级目的：能够灵活应对需求的变化。曾经流传过一个笑话：如何“杀死”一个程序员，改三次需求就可以。然而这仅仅是个笑话。时至今日，敏捷开发思想中的“拥抱变化”已深入人心。业务场景可能发生变化，用户可能增加新的需求，现有功能可能需要扩展，这些都是变化，需要通过软件迭代去适应。现在几乎没有只发布一个版本后就不再维护的软件。

为了能适应各种变化，一时间各种技术蜂拥而上，面向对象、设计模式、各种设计原则等。然而这些方法好比倚天剑和屠龙刀，掌握得好可以令你功力大增，掌握得不好则可能引来“杀身之祸”。如何适时地运用这些技术才是关键。我的职业生涯中有一段时间曾经特别迷恋设计模式，在做设计和开发时总想多套用一两个设计模式，感觉这样显得特别“专业”。但经过一段时间沉淀后发现的确有过设计之嫌。

在需求变化来临时也许你已有所准备，并可以从容应对。因为你在前期的分析和设计阶段已经洞悉到需求变化的趋势并预留了方案。但也有可能猝不及防，修改可能会伤筋动骨。即使这样也希望你能够积极面对，在完成这类需求的同时做好积累。这其实也是一次成长的机会，通过一次修改为今后的新变化做足准备，将来不再手足无措。

设计方法和设计原则固然重要，运用得恰到好处才是关键。权宜之计和长远规划如何取舍？这个命题已经上升到了哲学的高度。设计的灵活性要达到什么程度其实并没有一个标准答案，只有在不断的实践中探寻真相。

图 5-1 所示为设计模式关系图，描述了各个设计模式之间的关系，摘自《设计模式》。

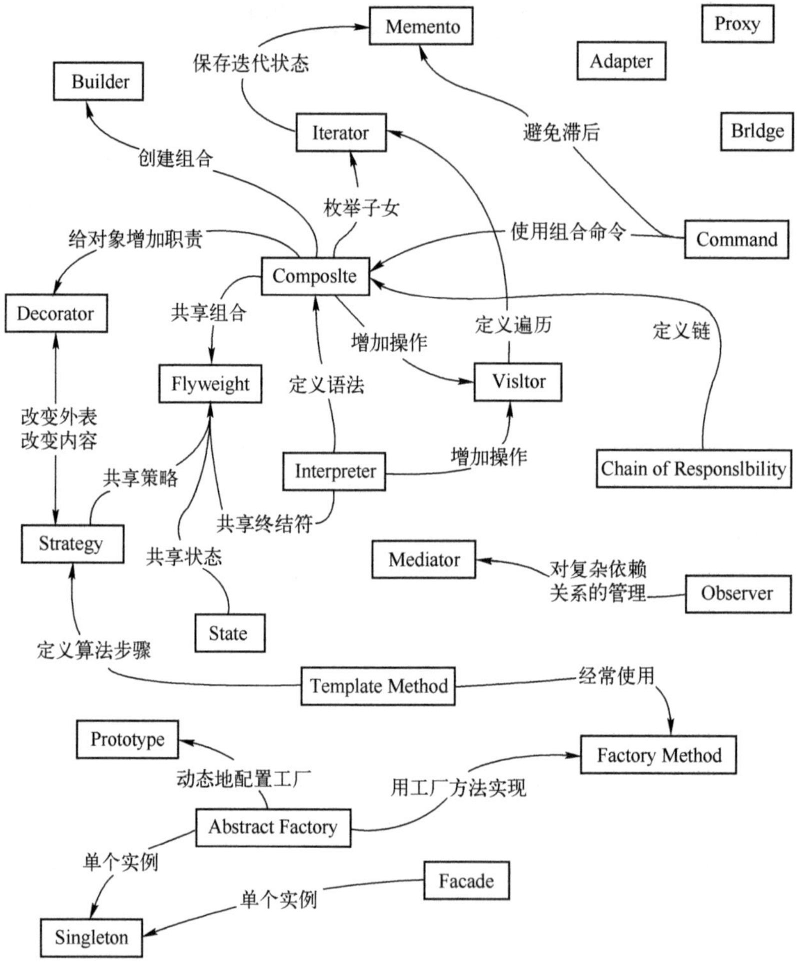

图 5-1 设计模式关系图

法则 25：正确理解面向对象设计

不可否认，在我学习编程的早期，一些既定思维误导了我对面向对象的理解，我想部分读者很可能也和我一样。因此本节需要把面向对象设计的思路再重新做一次整理。让我们从一个常见的例子“鸟类的飞翔”说起。

无论是鹰，还是蜂鸟，它们都是鸟类，公有继承的一个最重要的语义就是“is-a”关系。在人们常识中，鹰是一种鸟，蜂鸟也是一种鸟。因此可以设计如下的类派生关系。

```
class Bird {
public:
    virtual void fly() = 0;
};

class Eagle : public Bird {
public:
    virtual void fly()
    {
    ……//翅膀长，扇动频率慢，飞得高
    }
};

class Hummingbird : public Bird {
public:
    virtual void fly()
    {
    ……//翅膀较短，扇动频率快，可达 50 次/s 以上
    }
};
```

到这里继承体系看起来还很合理，但是当我们处理不会飞的鸟类，比如企鹅时，就碰到问题了。由于企鹅不会飞，因此企鹅不能定义 fly 函数。如果让企鹅直接派生自 Bird 类，将不满足里氏替换原则。于是再引入一层抽象层：FlyingBird 和 NonFlyingBird。

```
class Bird {
    ……//没有声明 fly 函数
};
```

```
class FlyingBird : public Bird {
public:
    virtual void fly();
};

class NonFlyingBird : public Bird {
    ……//没有声明 fly 函数
};
```

然后让 Eagle 和 Hummingbird 派生自 FlyingBird ，Penguin（企鹅）派生自 NonFlyingBird。

```
class Eagle: public FlyingBird {……};
class Hummingbird: public FlyingBird {……};
class Penguin: public NonFlyingBird {……};
```

图 5-2 所示为优化后的类图。

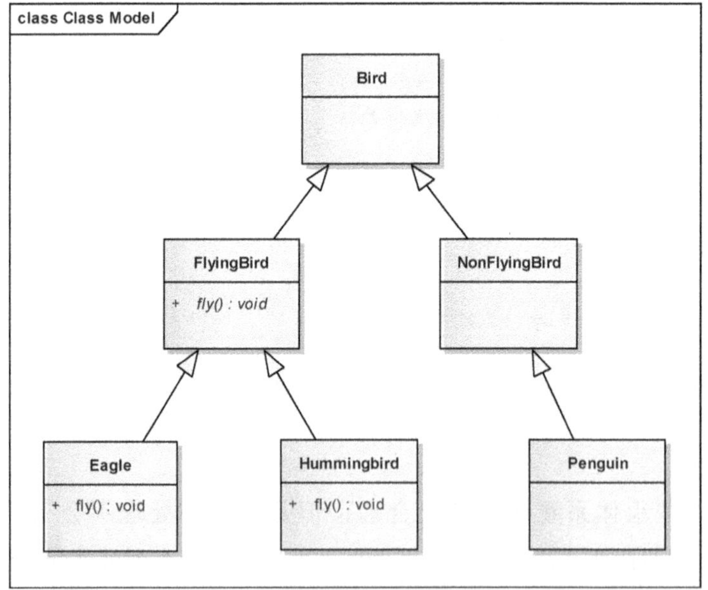

图 5-2 优化后的类图

到现在看起来似乎问题已经解决，但问题才刚刚开始。目前只是“飞翔”的问题解决了，那么“游泳”呢？我们知道有的鸟会游泳，有的不会。于是派生层次再定义一个 SwimmingBird 和 NonSwimmingBird。那么问题来了，如何描述派生关系呢？使用多继承，Penguin 同时派生自 NonFlyingBird 和 SwimmingBird，Eagle 同时派生自 FlyingBird 和 NonSwimmingBird。已经开始变得复杂了，C++也许勉强可以，但 Java 并不支持多继承。

或许可以把中间层进行组合。

```
class FlyingAndSwimmingBird: public Bird          //会飞也会游
class FlyingAndNonSwimmingBird: public Bird       //会飞但不会游
class NonFlyingAndSwimmingBird: public Bird       //不会飞但会游
class NonFlyingAndNonSwimmingBird: public Bird    //不会飞也不会游
```

但是还没完，如果再加上“走路”“吃食物”等特性，那么整个继承体系就爆炸了，各类排列组合已经多到难以描述。

那么应该如何解决此问题呢？我们一开始就走错了方向，编程思维的潜意识告诉我们可以用面向对象的方法去描述客观事物，但这做起来往往事与愿违。《设计模式》的原则早已告诫我们：优先使用组合而非继承。而且我认为在有些场景下并非是“优先”而是“只能”使用组合。

让我们使用组合的思路重新进行设计。鸟会有“飞翔”“游泳”“走路”“吃食物”等行为，而需要把这些行为委托给相应的器官（模块）去完成。

```
class Bird {
public:
    void fly(){ m_wing ->fly();}
    void swim(){ m_foot->swim();}
    void walk(){ m_foot->walk();}
    void eat(){ m_mouth->eat();}
protected:
    IWing* m_wing;          //翅膀，用来飞翔
    IFoot* m_foot;          //脚，用来游泳和走路
    IMouth* m_mouth;        //嘴，吃食物
};
```

各器官（模块）的接口定义如下。

```
class IWing {
public:
    virtual void fly() = 0;
};

class IFoot {
```

```
public:
    virtual void swim() = 0;
    virtual void walk() = 0;
};

class IMouth {
public:
    virtual void eat() = 0;
};
```

然后各器官（模块）按图 5-3 所示的类关系独立进行派生，并重写 fly、swim、walk、eat 等函数。

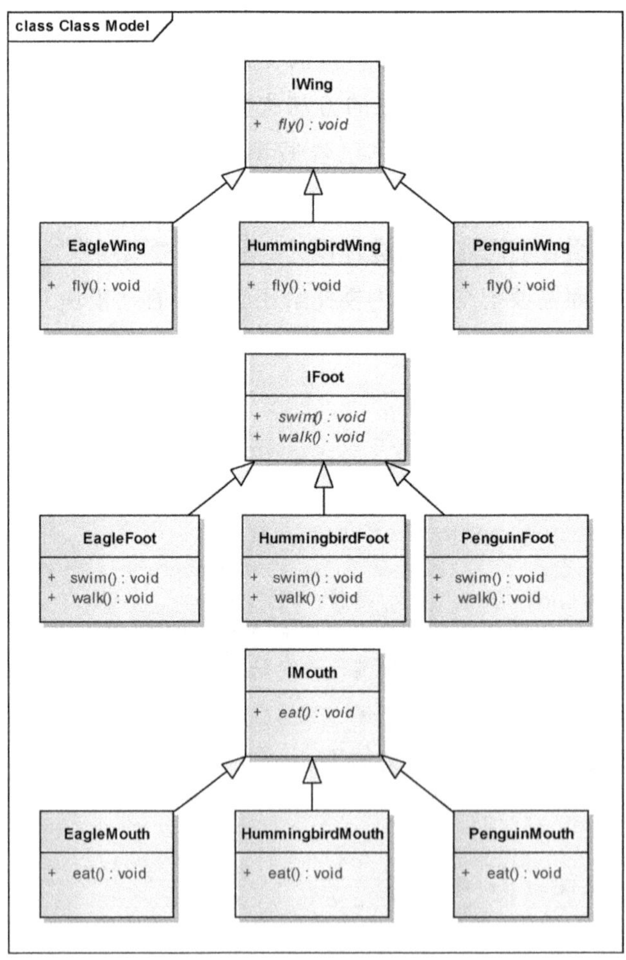

图 5-3 各器官（模块）按图所示的类关系独立进行派生

最后让 Eagle、Hummingbird、Penguin 分别派生自 Bird，因为它们都属于鸟类。

```
class Eagle: public Bird {
public:
    Eagle();
};

class Hummingbird: public Bird {
public:
    Hummingbird();
};

class Penguin: public Bird {
public:
    Penguin();
};
```

在它们各自的构造函数中装配自己的器官（模块）。

```
Eagle::Eagle()
{
    m_wing = new EagleWing();
    m_foot = new EagleFoot();
    m_mouth = new EagleMouth();
}

Hummingbird::Hummingbird()
{
    m_wing = new HummingbirdWing();
    m_foot = new HummingbirdFoot();
    m_mouth = new HummingbirdMouth();
}

Penguin::Penguin()
{
    m_wing = new PenguinWing();
    m_foot = new PenguinFoot();
    m_mouth = new PenguinMouth();
```

```
}
```

优先使用组合的原则是：把一个大的对象拆分成若干小的模块，把某些具体功能委托给这些模块去完成。比如鸟类的飞翔，把飞翔的这个动作（函数）委托给翅膀（模块）去完成，至于怎么飞，再由翅膀去决定。

至于企鹅不会飞这一事实如何描述呢？首先企鹅是有翅膀的，只是调用企鹅的翅膀去飞时，翅膀会做出回应——我不会飞。

```
void PenguinWing::fly()
{
    ……//对不起，我不会飞！☹
}
```

另一个继承关系被误用的例子是职员（Employee）的派生体系：经理（Manager）是职员，时薪职员（Wage）是一种职员，销售员（Sales）是一种时薪职员，如图 5-4 所示。

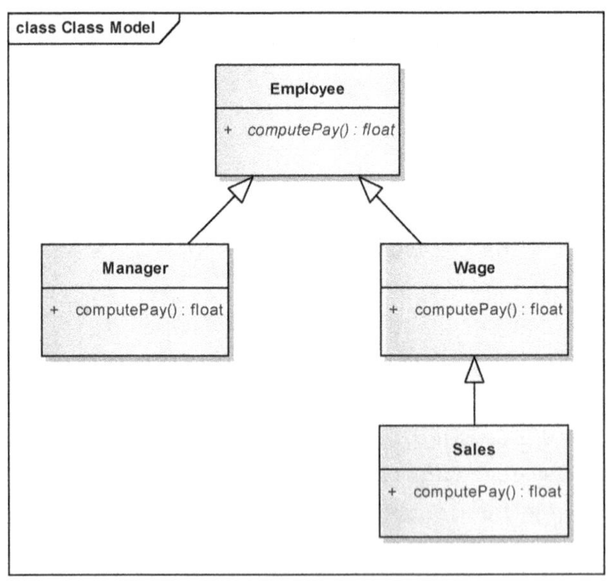

图 5-4　职员派生关系

在实际应用中这样的派生体系太沉重，如果是为了表达不同人员薪水计算方式不同的话，应把算法 computePay 委托出去，交给不同的薪水计算器。

```
class PayCalculer {
public:
    virtual float computePay() = 0;
};
class ManagerPayCalculer : public PayCalculer {……};
class WagePayCalculer : public PayCalculer {……};
class SalesPayCalculer : public PayCalculer {……};
```

然后仅留一个 Employee 类，使用一个字段区分其身份。

```
enum Identity {
    Manager,
    Wage,
    Sales,
};

class Employee {
public:
    Employee(enum Identity type, string name);
    float computePay();
private:
    enum Identity m_type;
    string m_name;
    PayCalculer* m_calculer;
};
```

在构造函数中装配相应的薪水计算器，并在 computePay 中进行调用。

```
Employee::Employee(enum Identity type, string name)
{
    m_name = name;
    m_type = type;
    m_calculer = PayCalculerFactory(type);
}

float Employee::computePay()
{
    if(m_calculer){
        return m_calculer->computePay();
    }
```

```
    return 0;
}
```

除此之外，类似学生（student）派生自人（people）、老师（teacher）派生自人、教授（professor）派生自老师等这类派生体系，在实际应用场景中都要慎用。这样的派生方式乍一看很直观，但最终可能会膨胀到难以收场的地步。做设计时要依赖于需求及其变化方向，抽象出共性和个性，识别哪些是会变化的，哪些是基本不变的，把个性的、易变的部分单独提取出来进行委托，再组合到框架（模块）中。这才是面向对象设计的一般方法。

还有一类使用继承体系遇到麻烦的情况是由共用代码引起的。这个例子的前半部分引自《Effective C++中文版》一书。假设 XYZ 公司最初只有两种飞机：A 型和 B 型，而且两种机型的飞行方式完全一样。所以，XYZ 设计了如下这样的层次结构。

```
class Airport {……};  //表示机场
class Airplane {
public:
    virtual void fly(const Airport& destination);
};
void Airplane::fly(const Airport& destination)
{
    ……//飞机飞往某一目的地的代码
}
class ModelA : public Airplane {……};
class ModelB : public Airplane {……};
```

为了表明所有飞机都必须支持 fly 函数，而且因为不同型号的飞机原则上都需要对 fly 有不同的实现， 所以 Airplane::fly 被声明为 virtual。但是，为了避免在 ModelA 类和 ModelB 类中写重复的代码，飞行方式放到了基类 Airplane::fly 中，ModelA 和 ModelB 继承了这一函数。

这是典型的面向对象设计。两个类享有共同的特征（实现 fly 的方法），所以这一共同特征被转移到基类，并让这两个类来继承这一特征。这种设计使得共性很清楚，避免了代码重复。

后来该公司研发了 C 型飞机，但是 C 型飞机的飞行方式与 A 型和 B 型都不同，因此 C 型飞机重写了 fly 函数。

```
void ModelC::fly(const Airport& destination)
{
    ……//C型飞机飞往某一目的地的代码
}
```

这样看起来还能接受。但是如果再有 D 型和 E 型飞机，而且飞行方式都和 C 型完全相同呢。这些代码如果放到 ModelD 和 ModelE 的 fly 函数中，那么就会产生两份完全相同的冗余代码。

```
void ModelD::fly(const Airport& destination)
{
    ……//C型飞机飞往某一目的地的代码。冗余代码，和ModelC::fly中一样
}
void ModelE::fly(const Airport& destination)
{
    ……//C型飞机飞往某一目的地的代码。冗余代码，和ModelC::fly中一样
}
```

为了消除这部分冗余代码，那就在基类中再增加一个函数，把上述完全相同的代码放进去。

```
void Airplane::fly2(const Airport& destination)
{
    ……//C型飞机飞往某一目的地的代码。只有一份
}
```

然后让 C 型、D 型、E 型飞机都调用该函数。

```
void ModelC::fly(const Airport& destination)
{
  Airplane::fly2(destination);
}
void ModelD::fly(const Airport& destination)
{
  Airplane::fly2(destination);
}
void ModelE::fly(const Airport& destination)
```

```
{
  Airplane::fly2(destination);
}
```

这样做消除了冗余代码。但是随着该公司机型越来越多，也许后来的F型和G型的飞行方式完全相同，但是和前面的都不一样，那又得再增加一个fly3函数放到基类Airplane中。久而久之，各种飞行方式都往基类里放，Airplane最终将变成一个“大杂烩”而难以维护。

解决的方案仍然是采用组合方式，把飞行方式委托给飞行系统（FlySystem），其提供一个fly接口。派生类FlySystem1实现A型和B型飞机的飞行方式，FlySystem2实现C型、D型和E型飞机的飞行方式，FlySystem3实现F型和G型的飞行方式。然后在各机型中装配对应的FlySystem。相关代码不再罗列，请读者自行完成。

法则 26：控制接口规模

图 5-5 所示为两种设计风格的电视机遥控器，左图共 52 个按键，右图仅 11 个按键。遥控器相当于一个设备向用户提供的接口，用户的所有操作都通过这个接口进行。下面哪一种设计更简洁好用，已一目了然。

图 5-5　两种设计风格的电视机遥控器

我曾经设计过这样一个 Windows 程序的框架：将界面（UI）和应用（Application）分层，UI 依赖于 App（Application 的缩写），但反之则不行。这样将来可以独立更换 UI 组件而 App 不受影响。同时采用了 Façade（外观）模式，将 App 接口进行封装。

```
class AppFacade
{
public:
    virtual int Method1(const int p1,
                        const vector<int>& p2) = 0;
    virtual void Method2(const int p1, const int p2) = 0;
    virtual void Method3(const int p1, struct Rst* pRst) = 0;
};
```

```
class App : public AppFacade
{
public:
    App(void);
    virtual ~App(void);
    virtual int Method1(const int p1, const vector<int>& p2);
    virtual void Method2(const int p1, const int p2);
    virtual void Method3(const int p1, struct Rst* pRst);
};
```

UI 层的代码如下。

```
#include "AppFacade.h"
class CheckResultView
{
protected:
    AppFacade* m_App;
}
```

最初这个设计运行尚可，AppFacade 中只有几个函数。但随着需求的不断增加，AppFacade 里的接口函数越来越多。因为每增加一个功能，都需要放到 App 中去实现，然后由 AppFacade 提供一个接口函数供 UI 层调用。发展到后来，AppFacade 已经有了 100 多个接口函数。

```
class AppFacade
{
public:
    ……//本类中已经有了 100+个接口函数
};
```

这已造成两方面的问题：一方面 AppFacade 的内容越来越多，其维护成本在增加；另一方面，由于 AppFacade.h 本身处于整个系统的较低层次，几乎所有 UI 层的 cpp 文件都依赖于它，每新增一个接口函数，几乎所有 UI 层的代码都需要重新编译。

在软件设计中，处于底层的接口要求是稳定的，也就是说不应该经常变化。而在本系统中 AppFacade 显然不满足这一要求，因为每次有新功能扩充，就需要对其进行改动。因此需要对其采取措施，将不稳定的部分分离出去来解决这一问题。

Visitor（访问者）设计模式可以实现在不改变各框架类的前提下，向框架中添加新的函数，正好可以用于解决此问题。首先在 AppFacade 中增加 Accept 函数，参数为 Visitor。

```
class Visitor;
class AppFacade
{
public:
    virtual int Accept(Visitor* v) = 0; //增加 Accept 函数接口
};
```

App 中也相应派生，同时注意 App 中的 Method1、Method2、Method3 等函数并未删除，仅是改为了非虚函数。

```
class App : public AppFacade
{
public:
    App(void);
    virtual ~App(void);
    int Method1(const int p1, const vector<int>& p2);
    void Method2(const int p1, const int p2);
    void Method3(const int p1, struct Rst* pRst);
    virtual int Accept(Visitor* v);      //重写 Accept 函数
};
```

然后在 App::Accept 中直接调用 Visitor 的 VisitApp 函数。

```
int App::Accept(Visitor* v)
{
    return v->VisitApp(this);
}
```

Visitor 基类定义如下。

```
class App;
class Visitor
{
public:
    virtual int VisitApp(App* app) = 0;
```

```
};
```

然后将第一个方法 Method1 转化为通过 Visitor 访问的方式，定义 VisitorMethod1 类，其构造函数参数列表与 Façade::Method1 定义一致。同时定义两个成员变量保存这两个参数。

```
class App;
class VisitorMethod1 : public Visitor
{
public:
    VisitorMethod1(const int p1, const vector<int>& p2);
    virtual ~VisitorMethod1(void);
    virtual int VisitorApp(App* app);

private:
    const int m_p1;
    const vector<int>& m_p2;
};

VisitorMethod1::VisitorMethod1(const int p1,
                                const vector<int>& p2)
    : m_p1(p1), m_p2(p2)
{
}
```

在 VisitorApp 中直接调用 App 的 Method1 函数。

```
int VisitorMethod1::VisitorApp(App* app)
{
    return app->Method1(m_p1, m_p2);
}
```

注意此处仅删除了 AppFacade 中的 Method1 函数，但 App 中的 Method1 函数仍需保留。UI 层对 AppFacade 的访问方式修改为如下方式。

```
#include "VisitorMethod1.h"

BOOL CUIHandler::CallMethod1(...)
{
    ……
```

```
    //m_App->Method1(p1, p2); 修改为如下调用方式
    VisitorMethod1 vm1(p1, p2);
    m_App->Accept(&vm1);
    ……
}
```

在 AppFacade 中的其他函数也如法炮制。最后 AppFacade 仅保留了一个 Accept 方法，其他方法都被挪到了各 Visitor 的派生类中实现。

采用 Visitor 模式后，会生成很多 Visitor 的派生类，当需要向 AppFacade 中添加函数时，无须在 AppFacade 中直接添加，而是生成一个新的 Visitor 的派生类。虽然类的数量变多了，但 AppFacade 已经变成了一个稳定的接口。每当新增功能时，也不需要重新编译所有 UI 层的代码。优化后的类图如图 5-6 所示。

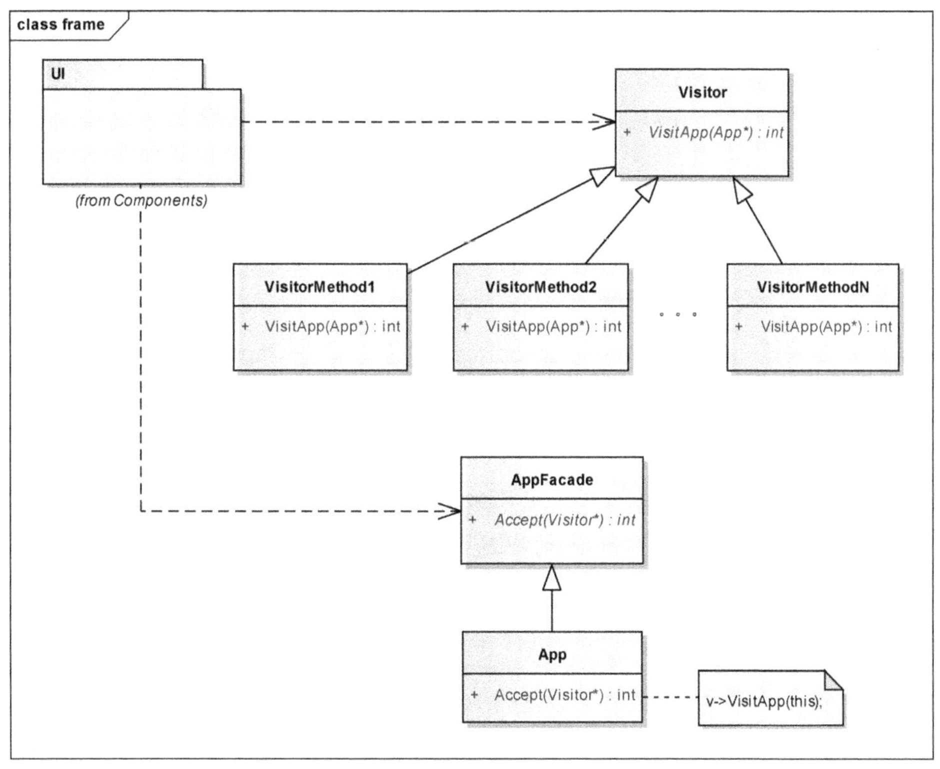

图 5-6　优化后的类图

法则 27：写可重用的模块

一个模块要可重用，除了一些基础库外，它不能依赖其他任何第三方模块。这里所说的第三方模块范围可大可小，小到一个函数，大到若干个类或文件构成的子系统。

也许你有过这样的经历，想要在自己的工程中加入一个模块，编译时发现其依赖另一个模块。然后把这个新的模块加到工程后，发现又依赖其他新的模块，如此反复没完没了。因此在写代码时，需要随时关注代码的依赖关系。把功能相对独立的模块写成可重用，一方面可以提供给他人使用，另一方面自己也可以积累一批用得顺手的模块，在开发其他项目时直接使用以提高工作效率。

下面是我在实际工作中碰到的一个例子。一个 Android 程序中需要支持二维码解析功能，ZXing 开源项目可以很好地支持这个功能。我所找到的 ZXing 代码为一个 demo（demonstration 的缩写）程序，包含如下这些文件。

```
<DIR>         camera
<DIR>         view
<DIR>         decoding
              CaptureActivity.java
```

3 个文件夹 camera、view、decoding，和 1 个文件 CaptureActivity.java。这 3 个文件夹包含了我所需要的代码，包括摄像头调用、扫描并解析二维码等功能。本例中可以把这些代码当作黑盒理解，无须关注其内部的实现细节，而 decoding 文件夹下的 CaptureActivityHandler.java 是这个黑盒对外的接口。

但当我把这 3 个文件夹放到我的工程时，出现了一个编译错误。原因是在 CaptureActivityHandler 类中依赖了 CaptureActivity，而后者并不是我的工程里的 Activity（Android 组件中最重要的四大组件之一）。

```
public final class CaptureActivityHandler extends Handler {
private final CaptureActivity activity; //编译失败
public CaptureActivityHandler(CaptureActivity activity,…){
   this.activity = activity;        //构造函数中保存上层的 activity
   … …
```

之所以要保存上层代码的 activity，是因为在解析二维码成功时要调用上层的解析响应函数 handleDecode，将解析结果传给上层代码。

```
public void handleMessage(Message message) {
   switch (message.what) {
   case R.id.decode_succeeded:
      ……
      //回传解析结果
      activity.handleDecode((Result) message.obj, barcode);
      break;
```

CaptureActivity 类的相关代码如下。

```
public class CaptureActivity extends Activity ……
{
   private CaptureActivityHandler handler;
   ……
   private void initCamera(SurfaceHolder surfaceHolder) {
      ……
      if (handler == null) {
         handler = new CaptureActivityHandler(this, ……);
      }
   }
   public void handleDecode(final Result obj, Bitmap barcode){
      ……//处理解析结果
   }
```

实际上 CaptureActivity 和 CaptureActivityHandler 的关系如图 5-7 所示。

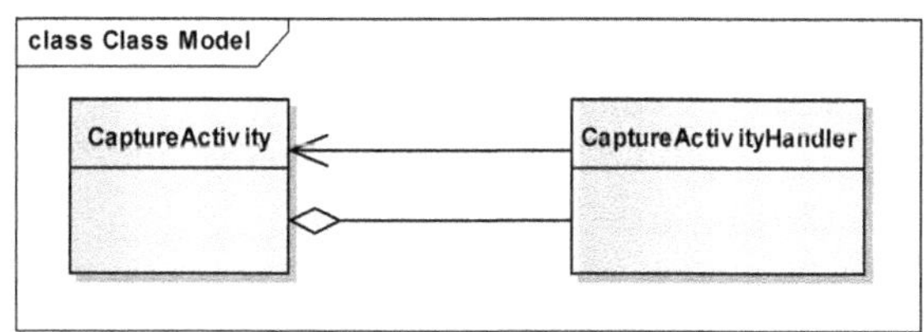

图 5-7　二者的类关系

CaptureActivity 创建了 CaptureActivityHandler（聚合关系），而后者又依赖于前者，这是一个循环依赖。当然并非所有循环依赖都是“罪大恶极”，只不过是当把循环依赖的两个模块之一拿出来独立使用时就会碰到麻烦。

我需要在工程里使用 CaptureActivityHandler，同时工程中已经有了 MyActivity，并没有 CaptureActivity，所依赖的类没有了，因此出现了编译错误。

一种简单的解决办法是修改 CaptureActivityHandler 的代码，把其中的 CaptureActivity 都替换为 MyActivity。然后在 MyActivity 里添加相应的处理函数。这个办法看上去工作量也不大，但问题是如果将来还要在其他工程中使用 CaptureActivityHandler 时，同样的修改还得再做一次。

更好的解决办法是把 CaptureActivityHandler 做成可重用。采用“降级”的方法，把需要回调上层模块的方法抽象成一个接口 ScanCallback，让上层模块实现该接口中的方法，这样可以更改各模块的依赖关系从而消除循环依赖。主要代码如下。

```
public interface ScanCallback {
    public void handleDecode(final Result obj, Bitmap barcode);
    public void startActivity(Intent intent);
    public void drawViewfinder();
    public ViewfinderView getViewfinderView();
    public Handler getHandler();
    public void doFinish();
    public void setResult(int resultOk, Intent obj);
}
```

注：CaptureActivityHandler 共调用了 CaptureActivity 的 7 个方法，上面例子中为了简化只介绍了其中的一个 handlerDecode，这里将 7 个方法全部列出。

然后将 CaptureActivityHandler 中的 CaptureActivity 替换为 ScanCallback。

```
public final class CaptureActivityHandler extends Handler {
private final ScanCallback mCallback;
public CaptureActivityHandler(ScanCallback callback, …){
      this.mCallback = callback;
      … …
}

public void handleMessage(Message message) {
      switch (message.what) {
      case R.id.decode_succeeded:
      … …
      //回传解析结果
```

```
        mCallback.handleDecode((Result) message.obj, barcode);
        break;
```

让上层代码的 MyActivity 实现 ScanCallback 接口，并重写接口中的各处理函数。

```
public class MyActivity implements ScanCallback {
    private CaptureActivityHandler handler;
    ……
    private void initCamera(SurfaceHolder surfaceHolder) {
        ……
        if (handler == null) {
            handler = new CaptureActivityHandler(this, ……);
        }
    }
    ……
    public void handleDecode(final Result obj, Bitmap barcode){
        ……
    }
}
```

图 5-8 所示为调整后的类图，虚线框中的 QrScan 模块不再依赖其他第三方模块，因此变得可重用。修改前后的完整代码可从示例代码中下载。

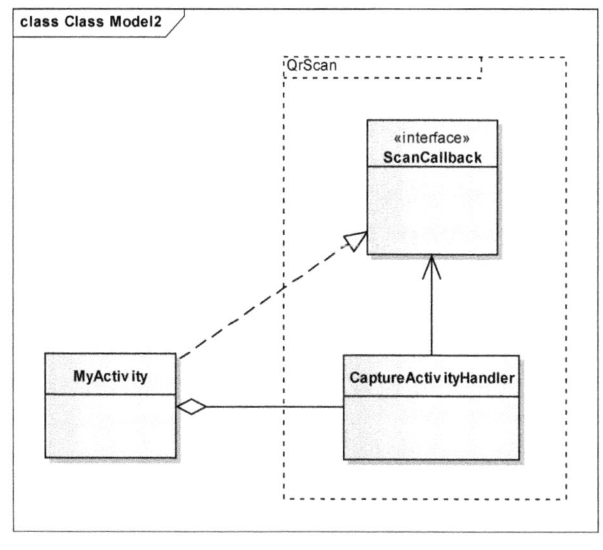

图 5-8　调整后的类图

法则 28：写可重入的函数

我在参与的一个项目中曾碰到这么一个需求：检查操作系统的某个账户是否存在弱口令。开发人员写了一个用于判断是否存在弱口令的函数 HasWeakPwd 供应用层调用。其中分别用“纯字母”“纯数字”的方法去判断是否存在弱口令。主要代码如下。

```
bool HasWeakPwd(string user)
{
    if( !logonByChar(user)) {
        if( !logonByDigital(user)) {
            return false;
        }
    }
    return true;
}
```

然后封装一个用于验证登录信息的函数 logon，传入用户名（user）和口令（pwd）进行登录尝试。

```
bool logon(string user, string pwd)
{
    //使用 user 和 pwd 进行登录尝试
    if(登录成功) {
        return true;
    }
    return false;
}
```

logonByChar 和 logonByDigital 都使用不同的规则构造了一些口令，然后调用 logon 进行登录尝试，如果登录成功则认为存在弱口令并返回 true；如果登录失败则使用其他规则构造口令继续尝试。伪代码如下。

```
bool logonByChar(string user)
{
    string pwd;
    /*使用相同字符的规则构造 pwd，如 AA、BBBB、bbbb 等，调用 logon*/
```

```
    /*使用连续字符串的规则构造pwd，如ABCD、abcd等，然后调用logon*/
    /*使用两个或3个字符组合，如AB、AC、ab、Ac、aC等，调用logon*/
    ……
}
```

这里只列出了logonByChar中的部分构造规则，logonByDigital中的代码也类似，但这不是重点因此不做赘述。总之由于使用了各种规则构造口令，在这两个函数中共有几十个地方对logon函数进行了调用。

代码完成且运行得很好，然而没过多久新的需求来了：如果存在弱口令，还需要将口令的具体内容返回给上层以进行显示。

修改方法并不难，只需要当logon尝试登录成功后，把pwd返回即可。但几十个对logon调用的地方都需要修改，有一定工作量。于是开发人员采用了一种偷懒的办法：使用了一个全局变量传递参数。代码修改倒是简单，只增加了如下黑体部分。

```
string gPwd;
bool HasWeakPwd(string user, string& correctPwd)
{
    if( !logonByChar(user)) {
        if( !logonByDigital(user)) {
            return false;
        }
    }
    correctPwd = gPwd;
    return true;
}
bool logon(string user, string pwd)
{
    //使用user 和 pwd 进行登录尝试
    if(登录成功) {
        gPwd = pwd;
        return true;
    }
    return false;
}
```

然而这样的做法并不可取，有时候代码并非越少越好。全局变量除了会给代码结构增加多余的耦合外，还有可能造成函数不能重入。当多线程同时调用同一个函数时，某个线程对某个全局变量的修改可能会对其他线程造成影响。在这个例子中，正确的做法还是得老老实实地修改每一处调用 logon 的地方，把所需返回的 pwd 通过参数传递，尽管这样做工作量会大很多。

```
bool HasWeakPwd(string user, string& correctPwd)
{
    if( !logonByChar(user, correctPwd)) {
        if( !logonByDigital(user, correctPwd)) {
            return false;
        }
    }
    return true;
}
bool logonByChar(string user, string& correctPwd)
{
    string pwd;
    /*使用相同字符的规则构造 pwd，如 AA、BBBB、bbbb 等，调用 logon
      使用连续字符串的规则构造 pwd，如 ABCD、abcd 等，然后调用 logon
      使用两个或 3 个字符组合，如 AB、AC、ab、Ac、aC 等，调用 logon
        if (logon(user, pwd)) {
            correctPwd = pwd;
            return true;
        }
    */
    ……
}
bool logon(string user, string pwd)
{
    //使用 user 和 pwd 进行登录尝试
    if(登录成功) {
        return true;
    }
    return false;
}
```

除了全局变量外，函数的静态变量、类的静态成员变量也都可能会导致函数不能重入，如果你在编写多线程的程序，这些应该加以注意。

就这个问题而言，如果是C++或 Java 等面向对象的编程语言，则可以写得简化一点。可以利用类的成员变量来传递参数。比如 Java 可以使用 PwdTester 类来完成密码暴力破解的功能，代码设计如下。

```
public class PwdTester {
    private String mCorrectPwd;
    public boolean HasWeakPwd(String user,
                              StringBuffer correctPwd)
    {
        if( !logonByChar(user)) {
            if( !logonByDigital(user)) {
                return false;
            }
        }
        correctPwd.append(mCorrectPwd);
        return true;
    }
    boolean logon(String user, String pwd)
    {
        //使用 user 和 pwd 进行登录尝试
        if(登录成功) {
            mCorrectPwd = pwd;
            return true;
        }
        return false;
    }
}
```

这些代码与前面用C语言写的“偷懒”的办法相似，但是二者涉及的变量维度不一样。C 语言中变量 gPwd 是全局唯一，但这里的 mCorrectPwd 是对象内唯一。如果一个函数依赖全局唯一的变量，则其变得不可重入；而如果一个类的成员函数仅依赖对象内唯一的变量，则其是可重入的。可通过对象的成员函数来调用，每个线程都可以使用独立的对象，从而达到可重入的目的。

```
PwdTester pt = new PwdTester();
StringBuffer correctPwd = new StringBuffer("");
if( pt.HasWeakPwd(user, correctPwd)){
    System.out.println("find weak password. user:" + user +
                           ". pwd: " + correctPwd.toString());
}
```

法则 29：避免循环依赖

谈到循环依赖，首先要澄清一点：它并非“罪大恶极”。无环依赖原则指出：包㊀的依赖关系中不允许存在环。这里强调的是包和包之间不能有循环依赖，因为循环依赖的一系列包变成了一个大整体，无法独立复用。但是对于包内部的各类之间，并没有说不允许存在循环依赖。因为包已经被看作一个整体，复用的粒度就是包，至于其内部的结构是否有循环依赖并无大碍。当然，如果确有需要把一个包进行拆分，将其内部的某几个类拿出来重用，同时这些类刚好依赖于其他别的类时，那就需要考虑消除这些循环依赖了。

《大规模 C++程序设计》㊁一书中介绍了 6 种消除循环依赖的方法：升级（escalation）、降级（demotion）、不透明指针（opaque pointer）、哑数据（dumb data）、冗余（redundancy）、回调（callbacks）。本节我再补充一种方法，而且希望你在试图消除循环依赖时，首先考虑这种方法。实际上前 6 种方法的思路是解决问题，而本方法的思路是回避问题。

这是一个真实的案例。我曾经写过一个 Android 小游戏，名字叫“花样泡泡龙”。玩法相当于俄罗斯方块与消消乐的组合。游戏时一组积木从游戏区上方开始下落，玩家可通过左右移动、旋转、翻转等操作让这些积木停留在指定位置。当部分积木停止后，剩余积木还能继续下落。直到全部积木停止后，若相同颜色或形状的积木个数达到 3 个（或更多时），这些积木被消除，玩家获得相应的积分。

程序的主要框架由以下部分组成。GameView 是程序的界面，占满了整个屏幕。其分为两个区域：GameArea 和 WaitingArea，前者表示游戏区域，积木组（BlockGrp）从该区域上方落下，并最终停留在该区域里，每一个积木由 Block 表示；WaitingArea 中依次排列着后续将要出现在游戏区的积木组（BlockGrp）。图 5-9 所示为游戏区布局。

㊀ “包”指的是 Java 中的 Packet。C++中可以对应一组类的集合，或一个 lib 等。

㊁ 《大规模 C++程序设计》由[美]John Lakos 著，刘冰、张林译。

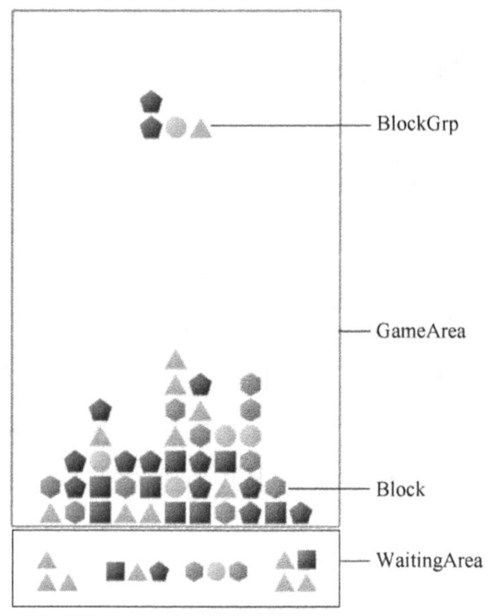

图 5-9 游戏区布局

图 5-10 所示为框架类图。由于需要管理游戏过程中的音效，GameView 还聚合了一个 Sound 对象。

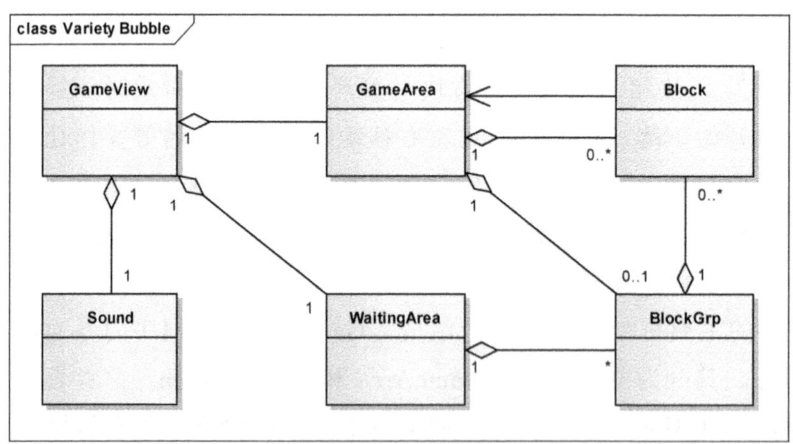

图 5-10 框架类图

现在介绍本例的重点，循环依赖出现在下面这个场景：当游戏区（GameArea）中有积木被消除以后（相同颜色或形状的积木超过 3 块），之前在其上方的积木会落下，填补到空缺的位置中。为了完成这一功能，并实现积木自由落体的效果，需要在 GameView 的 onDraw 方法中绘制积木的位置，每次都让其下降一点点，直到落到底部。然后需要播放一个音效，表示积木落到地上的声音。

实现方式为：GameView 响应 onDraw 方法后，调用 GameArea 的 draw 方法，然后再调用 Block 的 draw 方法。其伪代码如下。

```
public class Block {
    private GameArea mFather; //引入了循环依赖，知道了其父类。
    public void draw(...) {
        ……//计算积木的当前 Y 坐标
        ……//当其到达游戏区底部时，则通知父类，播放积木落地的音效
        if( 到达底部){
            mFather.notifyMoveFinished();//通知上层播放音效，引入循环依赖
        }
    }
}
```

当积木落到游戏区底部时，需要播放积木落地的音效，但由于 Block 类并不“知道”Sound 类（该类由 GameView 管理），因此其只能“通知”上层，把需要播放声音的这个请求向上层传递。因此这里引入了一个循环依赖，GameArea 中包含了若干 Block，而后者通过 mFather 引用了前者。

图 5-11 所示为 onDraw 调用过程的时序图。

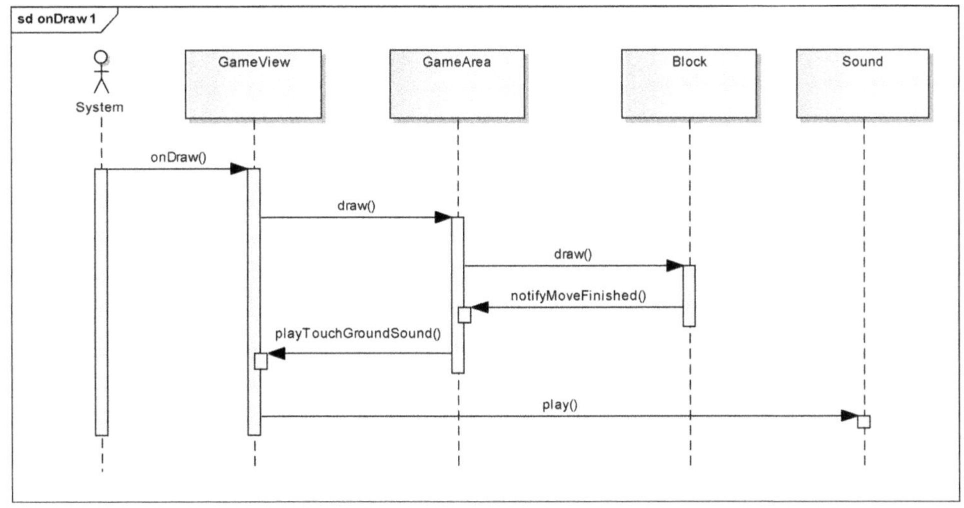

图 5-11　onDraw 调用过程的时序图

实线箭头表示一次函数调用，可以看到有两个从右到左的箭头。Block调用了GameArea的notifyMoveFinished方法，GameArea调用了GameView的playTouchGroundSound方法。因此，Block和GameArea存在循环依赖，GameArea和GameView也存在循环依赖。

本节所讨论的方法仅针对第一个循环依赖，即Block和GameArea间的循环依赖。

有几种方案可以消除这个循环依赖。

方案一：既然Block有播放声音的需求，那就干脆把Sound类的对象传给Block，需要播放什么声音就让其自己播放。但这样增加了Block对其他类的依赖，使得其不容易被复用。因为一个具体的功能类所“知道”的东西越少越好。

方案二：采用“降级”的方法，引入一个BlockNotify接口。

```
public interface BlockNotify {
    public void notifyMoveFinished();
}
public class Block {
    private BlockNotify mNotify;
    public void draw(...) {
        ……//计算积木的当前Y坐标
        ……//当其达到游戏区底部时，则通知父类，播放积木落地的音效
        if(到达底部){
            mNotify.notifyMoveFinished();
        }
    }
}
public class GameArea implements BlockNotify {
    public void notifyMoveFinished(){
        ……//再向上层（GameView）继续通知
        mNotify.blockAddedInGameArea();
    }
}
```

图5-12所示为方案二的类结构。该方法在“法则27：写可重用的模块”

一节中曾使用过，通常在解决两个类之间相互依赖的问题时，这是一种有效的方法。实际上 GameView 和 GameArea 间也存在相互依赖，就是通过此方法解决的。但就这个问题而言，存在其他解决办法，因为目前各类的职责划分值得推敲。

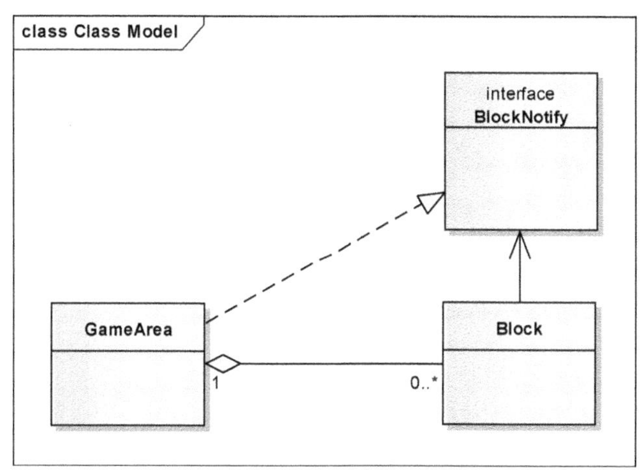

图 5-12　方案二的类结构

在这个场景里 Block 实际上干了 2 件事：一是我已经落到了底部；二是通知上层播放落地的音效。实际上，触发播放落地音效的责任不应该由 Block 来做，把它交给 GameArea 更加合理。GameArea 是处于比 Block 更高层次的类，类似这样需要协调其他类干的事情交给它比较合适。比如将来可能不仅仅是播放一个音效，还可能弹出一段动画，这些工作都交给 GameArea 来全盘把握更为合理。而 Block 处于该系统中的最底层，其功能需要尽可能的单一，便于今后重用。

因此 Block 只需要干 1 件事：告诉上层我已经落到了底部，剩下的事情交给上层做。于是修改 Block 的 draw 方法，让其能返回一个结果。

```
public class Block {
    public enum DrawResult{
        normal,             //正常状态
        beginMove,          //开始下落
        moveFinished,       //已落到底部
        explodeFinished,    //爆炸效果完成
```

```
    };
    public DrawResult draw(...){
        DrawResult dr;
        …… //计算积木的当前 Y 坐标
        …… //当其达到游戏区底部时返回结果：已落到底部（moveFinished）
        if( 到达底部){
            dr = DrawResult.moveFinished;
        }
        ……
        return dr;
    }
}
```

GameArea 根据返回状态进行相应的动作。

```
public class GameArea{
    public void draw(Canvas canvas, Paint paint){
        ……
        Block.DrawResult dr = mBlocks[x][y].draw(……);
        if(dr == DrawResult.moveFinished){
            blockMoveFinished();
        }
        ……
    }
    public void blockMoveFinished(){
        ……
        mNotify.playTouchGroundSound();//通知上层播放音效
    }
}
```

该方法从职责划分的层面解决了这一循环依赖，其实是回避了这一循环依赖。实际上现有代码中 Block 还依赖 GameArea 的其他两个方法：notifyExplodeFinished 和 moveBlockTo。它们也属于同样的情形，也可以通过此方法解决，并最终消除 Block 和 GameArea 的循环依赖。修改后的时序图如图 5-13 所示。

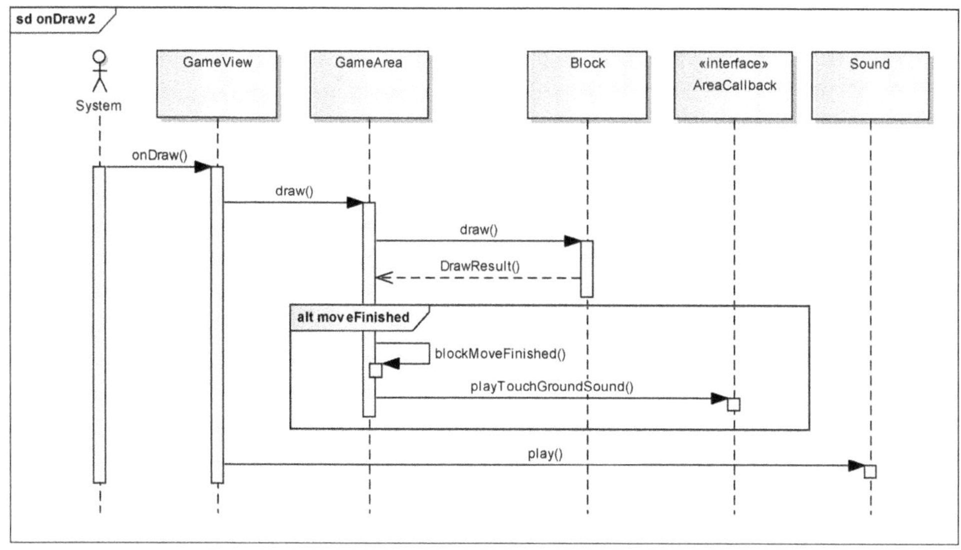

图 5-13　修改后的时序图

注意图 5-13 中 Block 到 GameArea 的箭头是虚线，表示 draw 方法的返回值，并非函数调用。此外为了消除 GameArea 和 GameView 之间的循环依赖，采用"降级"的方法引入了一个接口 AreaCallback。GameArea 调用了 AreaCallback 的 playTouchGroundSound 方法，实际上是调用了 GameView 中重写的对应方法。而 GameView 的 playTouchGroundSound 方法进一步调用 Sound 的 play 方法。从该图 5-13 中可以看出，消除循环依赖后，已经没有了从右到左的实线箭头。

在示例代码中包含了消除循环依赖前/后的两个工程源码，读者可自行下载参考其中代码。在"代码资源"一章的"花样泡泡龙"一节中会另有篇幅对其他消除循环依赖的地方进行说明。

在软件设计中，各类的职责划分非常重要，这实际上触及到了管理学的范畴：把事交给适合的人去做。如果违背这一原则，将带来管理成本的增加。类似本例中的情形，循环依赖是职责划分不合理的产物。当然在写代码的过程中，由于思维惯性引入的循环依赖也许不可避免。因此，需要适时地停下来进行回顾。发现循环依赖时，首先分析产生循环依赖的各模块之间是否存在不合理的职责划分。如果存在则重新进行职责划分，如果不存在，再考虑通过其他的技术手段消除循环依赖。

法则30：保障平稳升级

软件系统升级是一件很平常的事，修复bug或者新增功能都需要通过升级软件来完成。然而如果忽视了一些细节，可能导致升级后用户数据丢失或系统不可用等问题。有些时候软件设计师会把这类问题归咎于系统设计者（架构师、产品经理、项目经理等），但其实在这类问题上软件设计师需要担负更多的责任，因为这类问题更靠近编程阶段。

比如一个C/S架构的产品，Client（客户端）通过消息接口与Server（服务器端）通信。维护这些通信接口时，就需要时刻关注，保证每个接口都能向下兼容。假设这样一种场景，客户端程序在启动时需要向服务器端发起签到请求，在获得服务器端的允许后，客户端才能继续运行。接口报文采用如下Json格式。

```
签到请求参数: {"mbsn":"MBC016324FE"}
签到响应参数: {"status":0}
```

在写代码时考虑到今后接口参数可能增加，因此在定义这些消息解析类时，在上方增加一行注解：@JsonIgnoreProperties(ignoreUnknown = true)。这样将来在Json报文中新增字段时，不会导致报文解析失败。相应的Java代码如下，在第一个版本V1.0时就需要增加注解（黑体部分）。

```
@JsonIgnoreProperties(ignoreUnknown = true)
public class T_C_SIGNIN_REQ {
    private String mbsn;      /* MainBoard sn 主板序列号 */

    public String getMbsn() {
        return mbsn;
    }

    public void setMbsn(String mbsn) {
        this.mbsn = mbsn;
    }
}

@JsonIgnoreProperties(ignoreUnknown = true)
```

```
public class T_C_SIGNIN_RSP {
    private Integer status;  /* 签到状态，成功为 0，失败为错误码 */

    public Integer getStatus() {
        return status;
    }

    public void setStatus(Integer status) {
        this.status = status;
    }
}
```

假设在 V1.1 版本中功能需要扩展，签到成功后服务器端还会根据客户端属性的不同，返回不同的功能列表，让客户端只能展示相应的功能。响应报文扩展如下。

```
签到响应参数：{"status":0,"funclist":"01001011"}
```

T_C_SIGNIN_RSP 类的定义扩展如下。

```
@JsonIgnoreProperties(ignoreUnknown = true)
public class T_C_SIGNIN_RSP {
    private Integer status;  /* 签到状态，成功为 0，失败为错误码 */
    private String funclist; /* 功能列表 */

    public Integer getStatus() {
        return status;
    }

    public void setStatus(Integer status) {
        this.status = status;
    }

    public String getFunclist() {
        return funclist;
    }

    public void setFunclist(String funclist) {
        this.funclist = funclist;
```

```
    }
}
```

在系统升级时先将服务器端升级到 V1.1 版本，但此后并不能保证所有的客户端程序都能及时升级到 V1.1 版本。当 V1.0 版本的客户端程序运行时，虽然服务器端返回的响应消息中带有两个参数，但客户端仍然能够解析出旧版本的 T_C_SIGNIN_RSP 类实例，其仅有 status 参数，在没有 funclist 参数的情况下仍可以正常运行。

后来，在使用中发现通过主板序列号无法唯一确定一个主机，因为某些兼容品牌的计算机其主板序列号均相同。但硬盘序列号是唯一的，因此需要在 V1.2 版本的签到请求参数中再增加一个硬盘序列号，代码如下。

```
签到请求参数: {"mbsn":"MBC0163234FE","disksn":"E5B81F5B"}
```

T_C_SIGNIN_REQ 类的定义扩展如下。

```
@JsonIgnoreProperties(ignoreUnknown = true)
public class T_C_SIGNIN_REQ {
    private String mbsn;      /* MainBoard sn 主板序列号 */
    private String disksn;    /* 第一块主硬盘序列号 */

    public String getMbsn() {
        return mbsn;
    }

    public void setMbsn(String mbsn) {
        this.mbsn = mbsn;
    }

    public String getDisksn() {
        return disksn;
    }

    public void setDisksn(String disksn) {
        this.disksn = disksn;
    }
}
```

此时服务器端程序升级到V1.2版本后。对于V1.0和V1.1版本的客户端程序，其发送的签到请求报文中没有disksn参数，服务器端解析后disksn的值为null，仍按之前的处理逻辑给客户端回复响应，不影响客户端的正常使用。代码如下。

```
//服务器端根据 disksn 是否为 null 而使用不同的处理流程
void TreatSignInReq(T_C_SIGNIN_REQ req){
    if(req.disksn == null){
        SignIn_V1_1(req);
    }
    else{
        SignIn_V1_2(req);
    }
}
```

需要注意一点，在升级版本时要避免修改参数字段的名字，比如把请求参数中的mbsn改为mainboardsn，则会导致新旧版本的接口不兼容。因此在扩展功能时，只能增加字段，不能修改字段。此外删除字段也是不允许的，即使某个字段已经不再需要，也得将其一直保留。对于C/S架构的程序，在升级时先升级服务器端，并保证新的服务器端程序能够和各旧版本的客户端程序兼容，此后再逐步升级客户端程序，保障升级的平稳进行。

除了C/S架构的程序外，如果系统使用了数据库，当新版本数据库变化时同样需要考虑平稳升级。

假设一个Android程序，需要保存二维码中的车辆信息。最初车辆信息内容较少，一个二维码能装下所有字符。因此V1版本设计为TCarInfo表包含两个字段：_frameno（车架号）用于唯一标识一辆车；_qrcode用于保存二维码解析后对应的字符串。后来由于需求变化，车辆信息的内容有所扩充，一个二维码已无法装下所有字符，一辆车将对应多个二维码信息。因此设计了V2版本的二维码车辆信息，新增了两个字段：_total字段表示该车辆信息共对应几个二维码，_no 字段表示该二维码为其中的第几个，如图5-14所示。

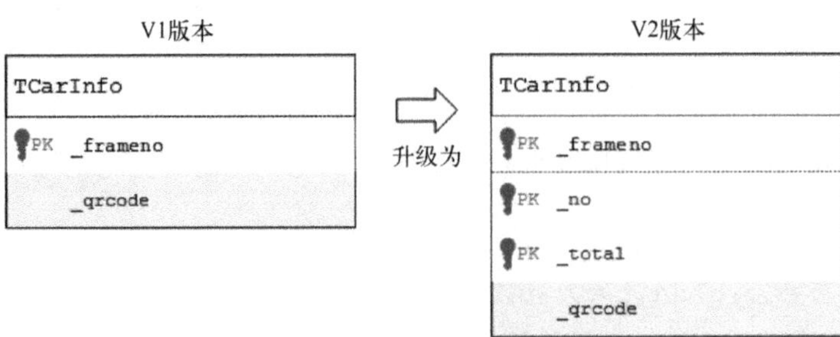

图 5-14　V1 和 V2 版本数据库变化

如果 V1 版本已经投入使用，并保存了若干车辆信息数据。在用户升级到 V2 版本时就需要对这些数据进行处理，否则之前保存的数据会丢失。数据库管理类 DBHelper 需要重写 onUpgrade 函数，用于处理数据库变化。代码如下。

```
public class DBHelper extends SQLiteOpenHelper {
    //版本 1，支持单二维码
    //版本 2，支持多二维码
    private final static int VERSION = 2;

    private class TCarInfo{
        public static final String tbName = "TCarInfo";
        public static final String key = "_frameno";
        public static final String no = "_no";
        public static final String total = "_total";
        public static final String qrcode = "_qrcode";
    }

    @Override
    public void onUpgrade(SQLiteDatabase db,
        int oldVersion, int newVersion) {

        //升级规则
        if ((oldVersion == 1 && newVersion == 2)){

            //旧表改为临时表
            String tmpTbl = TCarInfo.tbName + "_tmp";
            String sql = "ALTER TABLE " + TCarInfo.tbName
```

```
                    +" RENAME TO " + tmpTbl;
        db.execSQL(sql);

        //创建新表
        onCreate(db);

        //临时表中数据插入新表
        String oldColumns = "_frameno, 1, 1, _qrcode";
        String newColumns = "_frameno, _no, _total, _qrcode";
        String updateRule = "INSERT INTO " + TCarInfo.tbName
            + " (" + newColumns +  ") "
            + " SELECT " + oldColumns + " FROM " + tmpTbl;
        db.execSQL(updateRule);

        //删除旧表
        db.execSQL("DROP TABLE IF EXISTS " + tmpTbl);
    }
  }
}
```

Android 框架回调 onUpgrade 函数时，会将原有程序的数据库版本号（oldVersion）和当前版本号（newVersion）传入，需要针对不同版本进行相应的处理。在本例中，如果 oldVersion 为“1”且 newVersion 为“2”则需要进行升级处理。首先将原有的 TCarInfo 表改名，加一个后缀_tmp，使其变为一张临时表，然后再创建新版本的 TCarInfo 表，再将临时表中的每一条数据插入新的 TCarInfo 表中，同时_no 和_total 字段都设为“1”。因为旧的二维码相当于新二维码的一种特殊情况，即车辆共有 1 个二维码信息，该二维码为第 1 个。最后再删除临时表，完成新版本的平稳升级。

当然本节中所举的例子都较为简单，在实际工作中情况会更为复杂。软件设计师稍不留神就会将接口或数据库字段改得难以升级。因此在开发过程中应该时刻保持对升级问题的关注。对于大型系统，必要时需要收紧接口定义和数据库设计的权限，由专人进行设计和管理。

法则31：灵活注入对象

本节从一个常见的例子说起。在代码中出现条件选择语句时，比如if...else或switch...case，我们总希望能尽量通过统一的接口消除这些条件选择语句。比如一个涉及不同模块的数据读取函数，包含若干模块的读操作。伪代码如下。

```
int ReadData()
{
    switch( moduleType ){
    case ModuleA:
        return ReadFromModuleA();
    case ModuleB:
        return ReadFromModuleB();
    case ModuleC:
        return ReadFromModuleC();
    }
    return -1;
}
```

开放封闭原则（Open Closed Principle，OCP）指出：模块或函数应该对扩展开放，对修改封闭。将来如果需要支持新类型的模块，则需要修改ReadData函数，就违背了这一原则。代码如下。

```
int ReadData()
{
    switch( moduleType ){
    case ModuleA:
        return ReadFromModuleA();
    case ModuleB:
        return ReadFromModuleB();
    case ModuleC:
        return ReadFromModuleC();
    case ModuleD: //新的模块需要在此处增加代码
        return ReadFromModuleD();
    }
```

```
    return -1;
}
```

解决这个问题可以采用 Strategy 模式（策略模式），把具体的操作委托给不同的模块处理，通过统一的接口调用。优化后的 IModule 类结构如图 5-15 所示。

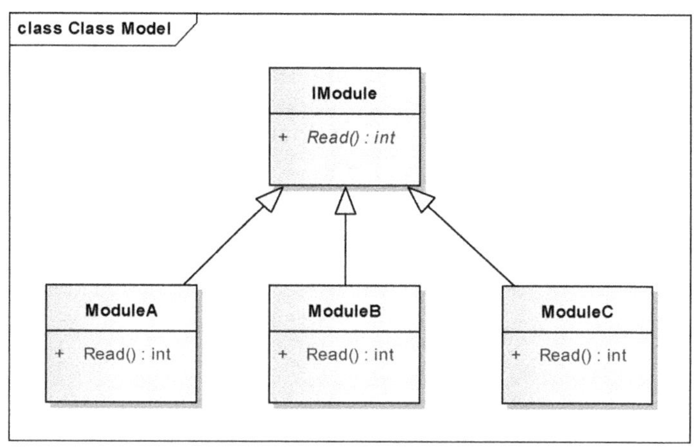

图 5-15　优化后的 IModule 类结构

于是 ReadData 函数变成如下这样。

```
int ReadData()
{
    Imodule* imd = moduleMgr.FindModule( moduleType );
    if( imd != NULL) {
        return imd->Read();
    }
    Return -1;
}
```

增加新模块时无须再修改该函数。但是也许问题并没有完全解决，因为 FindModule 函数可能设计成如下这样，同样存在 switch...case 条件选择语句。

```
IModule* ModuleMgr::FindModule(int moduleType)
{
    switch( moduleType ){
```

```
    case ModuleA:
        return new ModuleA();
    case ModuleB:
        return new ModuleB();
    case ModuleC:
        return new ModuleC();
    }
    return NULL;
}
```

当增加新的模块时，仍然需要修改 FindModule 函数。针对这个问题，可以再进一步优化，在系统初始化阶段把所有模块都注入给 ModuleMgr 进行管理，在需要时通过算法查找出相应的对象。代码如下。

```
struct ModuleMap{
    int type;
    IModule* im;
};

void InitModule() //系统初始化时仅调用一次
{
    struct ModuleMap mm[] = {
        {ModuleA, new ModuleA()},
        {ModuleB, new ModuleB()},
        {ModuleC, new ModuleC()},
    };

    for(int i = 0; i < sizeof(mm)/sizeof(mm[0]); i++){
        moduleMgr.RegisterModule(mm[i].type, mm[i].im);
    }
}

IModule* ModuleMgr::FindModule(int moduleType)
{
    return moduleMap.find(moduleType);
}
```

通过这个办法，当增加新的模块时，ReadData 函数和 FindModule 函数都无须修改，只需要修改 InitModule 函数即可。

此时焦点已经转移到 InitModule 函数中。因为增加新的模块时，总有一个地方需要被修改，所以仍然无法满足 OCP。当系统中模块数量众多时，会出现多人维护同一个文件的情况，增加维护成本。

那么是否有办法更进一步呢？当增加新的模块时，所有已有的代码都无须修改，而仅仅添加新增的部分呢？答案是肯定的，但要依赖一些编程语言的特性。下面针对 C、C++、Java 分别介绍灵活注入对象的方法。

- **在 C 中灵活注入对象**

C 语言本身无法支持这一特性，但 Linux 内核通过对编译器进行改造，实现了一种灵活注入对象的方法。该方法具有一定特殊性，但其思路已经深谙 OCP 之道，值得我们学习。

通常 C/C++语言编译后的可执行程序中包含代码段、数据段、堆栈段等部分。Linux 内核为了达到一些特定的目的，又定义了一些新的段。其中一个段叫.initcall.init，称为初始化调用段。同时提供了一组宏定义用于注入初始化函数。代码如下。

```
#define __initcall(fn)                              \
   static initcall_t __initcall_##fn __init_call = fn
#define __init_call   \
   __attribute__ ((unused,__section__ (".initcall.init")))
#define module_init(x)    __initcall(x);
```

这里涉及 3 个宏：module_init、__initcall、__init_call（后两个名字很相似，区别是 init 和 call 之间是否有下画线）。此外定义了一个函数指针类型 initcall_t，其指向的函数没有入参，返回值为 int 类型。所有注入初始化函数都是这个类型。代码如下。

```
typedef int (*initcall_t)(void);
```

需要注入初始化函数时，只需定义一行代码即可。例如下面这样。

```
module_init(init_module_x)
```

经过 gcc 编译预处理后，就展开成如下形式。

```
static initcall_t __initcall_init_module_x
__attribute__((unused,__section__(".initcall.init"))) =
```

```
init_module_x;
```

上面这段代码定义了一个变量__initcall_init_module_x，该变量类型为initcall_t，值为init_module_x。最重要的一点是：这个变量并非任意存放，而是存放到了初始化调用段.initcall.init中。最终.initcall.init段中的内容按图5-16所示的方式排布。

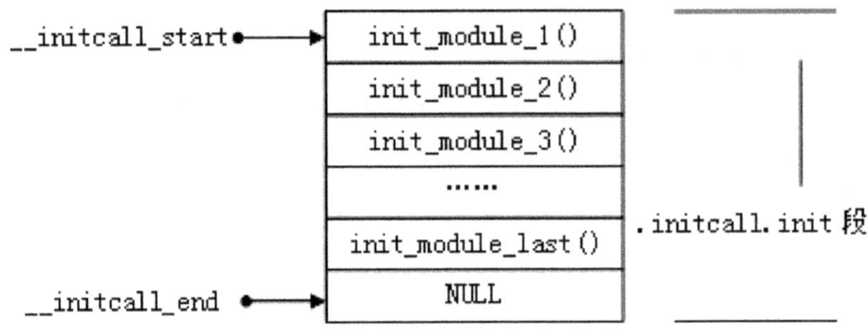

图 5-16　初始化调用段中的内容

__initcall_start为该段的起始位置，__initcall_end为该段的结束位置。其中存放了若干初始化函数的入口地址，从init_module_1()到init_module_last()。在Linux内核的初始化阶段，do_initcalls函数会遍历这些初始化函数并依次调用，而这些函数会进一步完成本模块的注入工作。代码如下。

```
static void __init do_initcalls(void)
{
    initcall_t *call;

    call = &__initcall_start;
    do {
        (*call)(); /*循环调用由 module_init 指定的函数 */
        call++;
    } while (call < &__initcall_end);
    ……
}
```

这一方法的灵活之处在于：只需要在每个模块的源文件中增加一行代码即可完成注入，而无须修改公共文件，满足了OCP。例如ext2文件系统的注入，只需在 fs/ext2/super.c 中增加如下代码即可。

```
module_init(init_ext2_fs)//这行代码在 ext2 模块的源文件中
```

在初始化阶段 do_initcalls 函数的循环遍历过程中，init_ext2_fs 会被调用，从而向系统框架注入了自己的文件系统对象 ext2_fs_type。代码如下。

```
static int __init init_ext2_fs(void)
{
    return register_filesystem(&ext2_fs_type);
}
```

试想 Linux 内核如果不采用这种方法会是什么情形？所有这些模块的初始化函数都需要放到 do_initcalls 中显式地调用。代码如下。

```
static void __init do_initcalls(void)
{
    ……//将有成百上千个初始化函数放在这里
}
```

而 Linux-2.4.0 内核就有将近 600 个模块，到了 Linux-3.0 内核模块数量已经超过 3000 个。do_initcalls 将变得极难维护。其可读性倒不会存在太大问题，最大的问题是该函数的管理成本将急剧增加。因为每增加或删除一个模块，就需要修改该函数的代码。而 Linux 内核代码贡献者达到上千人，遍布世界各地，do_initcalls 函数交给谁来管理呢？或者对所有人都开放该函数的修改权限，但多人同时修改同一个函数必然造成大量的代码合并（merge）工作，增加维护成本。

- **在 C++中灵活注入对象**

C++则可以利用自身语言的特性，参照 Linux 内核中的思路实现对象的灵活注入。实现方法需要利用 C++的两个特性：一是所有全局变量将在执行 main 函数之前被创建；二是 C++支持面向对象，在创建对象时，类的构造函数将被调用。而 C 语言由于只满足第一个特性，因此只能采用改造编译器的特殊方法来实现。

以下示例代码仅列出主要部分，完整代码请参考示例代码中的 ModulesCpp 工程。首先定义模块管理类 ModuleMgr，提供一个模块注入函数。代码如下。

```
class Module;
```

```
typedef map<string, Module*> ModuleMap;

class ModuleMgr{
public:
    static ModuleMgr* GetInst();
    int RegisterModule(Module* m); //供模块（module）注入

private:
    ModuleMgr();
    ModuleMap m_MM; //modules map
};
```

ModuleMgr 的构造函数被定义为私有的（private），并提供了一个静态成员函数 GetInst 来获取一个全局唯一的实例（singleton 模式）。RegisterModule 为注入模块的接口函数。

Module 为所有模块的基类，需要实现自动注入的模块都需从该类派生。代码如下。

```
class Module
{
public:
    virtual int Read() = 0;
    virtual ~Module(void);
    string GetName();

protected:
    Module(const char* name);
    string m_Name;
};
```

在其构造函数中获取 ModuleMgr 的对象，并向其注入自己。代码如下。

```
Module::Module(const char* name)
{
    m_Name = name;
    ModuleMgr* mgr = ModuleMgr::GetInst();
    if(mgr){
        mgr->RegisterModule(this);
    }
```

```
}
```

而在 ModuleMgr::RegisterModule 中将每个注入的 Module 放到一个 ModuleMap 中进行管理。代码如下。

```
int ModuleMgr::RegisterModule(Module* m)
{
    ModuleMap::iterator mmi;
    string name = m->GetName();
    mmi = m_MM.find(name);
    if( mmi != m_MM.end() ){
        printf("module %s already register.", name.c_str());
        assert_exit(0); //代码看护,不允许有两个相同的Module
        return -1;
    }
    m_MM.insert(ModuleMapPair(name, m));
    return 0;
}
```

在每个 Module 的派生类中，只需在自己的代码中定义一个该类的全局变量，即可实现自动注入。例如 Module_1 派生自 Module，代码如下。

```
class Module_1 : public Module
{
public:
    Module_1(void);
    ~Module_1(void);
};
```

在 Module_1.cpp 文件中定义一个 Module_1 的对象。代码如下。

```
Module_1 m1; //定义该全局变量，触发自动注入的流程
Module_1::Module_1(void):Module("Module1")
{
}
```

通过以上代码也许你已看懂了这套自动注入机制的工作原理。如果还没有明白，那简要介绍如下。

在程序启动时，main 函数执行之前所有全局变量都会被初始化。此时

Module_1 类的全局变量 m1 会被实例化，其构造函数会被调用。而构造 Module_1 时，会进一步调用其基类的构造函数 Module::Module。在 Module::Module 中完成统一的注入功能，获取了 ModuleMgr 的单例对象，并通过 RegisterModule 将 m1 的 this 指针注入到了框架中。代码如下。

```
mgr->RegisterModule(this);
```

在 main 函数中增加测试代码后可以看到，当进入 main 函数时，所有模块都已经注入到 ModuleMgr 中。代码如下。

```
int main(int argc, char* argv[])
{
    ModuleMgr* mgr = ModuleMgr::GetInst();
    int mcnt = mgr->GetModulesCnt();
    printf("modules count = %d\n", mcnt);
    mgr->PrintAllModules();
    return 0;
}
```

运行结果如下。

```
modules count = 3
module name: Module1
module name: Module2
module name: Module3
```

- **在 Java 中灵活注入对象**

通过上面的例子可以看到，C++利用其两个特性可以实现灵活注入对象。然而 Java 并不支持类似 C++的全局变量，不满足第一个特性，因此也不能使用类似 C++的方式来注入对象。但是 Java 支持了一种更为灵活的机制：根据类的名称来创建该类的对象。

```
Object obj = Class.forName(className).newInstance();
```

这一机制可以说就是为了更好地支持 OCP 而设计的。基于这个机制可以更为灵活地实现消除条件选择语句的目的，下面进行简要介绍，完整代码请参考示例代码中的 ModulesJava 工程。

首先定义公共接口 IModule，各模块实现该接口。代码如下。

```
public interface IModule {
    public int Read();
}

public class Module_1 implements IModule {

    @Override
    public int Read() {
        ……//实现 module_1 的 Read
        System.out.println("Module_1 reading...");
        return 0;
    }
}
```

使用 ModuleMgr 类对各模块进行管理，实现对各模块的创建。代码如下。

```
public class ModuleMgr {
    ……
    public IModule FindModule(String mn /* moduleName */){
        String moduleClassName = "org.lmy.module.modules." + mn;
        try {
            Class<?> clazz = Class.forName(moduleClassName);
            IModule m = (IModule)clazz.newInstance();
            return m;
        }
        catch (ClassNotFoundException e) {
            e.printStackTrace();
        }
         catch (InstantiationException e) {
            e.printStackTrace();
        }
        catch (IllegalAccessException e) {
            e.printStackTrace();
        }
        return null;
    }
}
```

主要关注上述黑体部分代码，首先将类名和类所在的包名拼装成该类完整的路径名，存于 moduleClassName 中，再使用 Class 的 forName 和 newInstance 方法（函数）创建该类的一个实例。然后在 ReadData 中调用 ModuleMgr 的 FindModule 函数获取该接口并使用。代码如下。

```
public static void ReadData(String moduleName){
    ModuleMgr mgr = ModuleMgr.GetInst();
    IModule m = mgr.FindModule(moduleName);
    if(m == null){
        System.out.println("Find " + moduleName + " fail.");
        return;
    }
    m.Read();
}
```

最后，当需要使用某个模块时，直接通过模块名进行调用。代码如下。

```
ReadData("Module_2");
```

上述方法很好地支持了 OCP，且实现过程更加灵活。C++由于不支持根据类名创建对象，所以只能通过某种机制，在系统启动之初将需要的模块注入管理类中。而 Java 可以省去这一步工作，在需要时通过类名直接创建对象。

此外，Spring 框架支持通过注解注入对象。如果项目中使用了 Spring，那也可以实现类似上面 C++的例子中灵活注入对象的功能。如果没有使用 Spring，其实使用本例介绍的通过类名创建对象的方法也已经足够支持 OCP 了。

但我并不推荐在 Spring 中使用 xml 文件注入对象的方式。这取决于对 xml 文件的定位，如果认为它不属于代码，那当需要支持新的模块时，老的代码都无须修改，只需修改 xml 文件即可。但我认为 xml 文件也属于代码的一部分，因为程序要依赖于它，它的变化会影响程序运行的行为，且仍然需要人来维护。试想上面那个 Linux 内核模块管理的例子，如果成百上千的模块都要到 xml 文件中进行配置，那管理工作也是十分繁杂的。当然也许反对者会说，Spring 支持管理某个目录下的多个 xml 文件，可以让每个人维护自己的 xml 文件，不用都往同一个文件里写东西。但如果某个目录下有成百上千个 xml 配置文件，管理工作同样十分繁杂。因此推荐使用改良的方法：通过注解注入对象。当新增一个类（模块）时，在该类的代码中加上一行注解即可。这个话题会在“法则 32：正确运用依赖注入”一节中进行进一步展开讨论。

法则32：正确运用依赖注入

在“法则31：灵活注入对象”一节中介绍了在Java语言中的一种灵活注入对象的方法。由于Java语言支持根据类的名字创建该类的对象，因此很多Java框架都基于这一技术提供了一些更为简便的对象注入方法。本节将以Spring的依赖注入方法为例，讨论如何正确运用依赖注入。

Spring框架早期仅支持的是基于xml文件的依赖注入方法。其基本思路是将xml文件和Java源文件区分开，当需要修改注入对象时，只需修改xml文件，而Java源文件无须修改。这表面上看似达到了灵活扩展的目的，当需求变化时代码无须修改，满足OCP。但这一论点存在两个问题，首先xml文件应该被看作源代码的一部分，因为程序的运行依赖于xml文件。因此如果需求变化需要修改xml文件，那么相当于修改了源代码。这其实并不满足OCP。其次xml文件注入对象无法实现面向对象的多态性。多态性又称为动态绑定，即程序运行阶段根据对象的实际类型调用相应的方法。比如下面这个樵夫砍柴的例子，定义WoodsMan类，其有一把斧头（axe）、一个chopWood方法。代码如下。

```
public class WoodsMan {
    private Axe axe;
    public void setAxe(Axe axe) {
        this.axe = axe;
    }

    public void chopWood() {
        axe.chop();
    }
}
```

假设系统中已经实现了两种斧头：石斧（StoneAxe）和钢斧（SteelAxe）。代码如下。

```
public class StoneAxe implements Axe {
    public void chop() {
```

```
        ……//用石斧砍柴
    }
}

public class SteelAxe implements Axe {
    public void chop() {
        ……//用钢斧砍柴
    }
}
```

同时在 xml 文件中进行依赖注入配置，将樵夫的斧头装配为石斧。代码如下。

```
<bean id="woodsman" class="lmy.service.impl.WoodsMan">
    <property name="axe" ref="stoneAxe"/>
</bean>
```

这样当调用 woodsman 对象的 chopWood 方法时，实际上调用的是 StoneAxe 类的 chop 方法。

假设在一款游戏软件中采用了这样的设计，游戏中的樵夫需要使用不同的斧头去砍柴。那么在玩家想切换斧头时就会遇到麻烦。比如要将石斧换成钢斧，需要将 xml 文件改为如下内容，重新注入对象。

```
<bean id="woodsman" class="lmy.service.impl.WoodsMan">
    <property name="axe" ref="steelAxe"/>
</bean>
```

那么问题来了。谁负责修改这个 xml 文件？如何修改？修改后怎么生效？显然用 xml 文件处理这样的场景是不合适的，至少不能像这样在使用者的接口处直接注入对象。这样的话就失去了动态绑定的灵活性。如果非要使用 xml 文件注入对象，那么应该先构造一个斧头管理器。代码如下。

```
public class AxeManager {
    private Map<String, Axe> axeMap; //axe 集合
    public void setAxeMap(Map<String, Axe> axeMap) {
          this.axeMap = axeMap;
    }
```

```
    public Axe findAxe(String axeName) {
        return axeMap.get(axeName);
    }
}
```

然后将所有斧头一次性全都注入 AxeManager 中。代码如下。

```
<bean id="axeManager" class="lmy.service.impl.AxeManager">
    <property name="axeMap">
        <map>
            <entry key="stoneAxe" value-ref="stoneAxe" />
            <entry key="steelAxe" value-ref="steelAxe" />
        </map>
    </property>
</bean>
```

在砍柴时动态地从 axeManager 中找到相应的斧头，再调用 chop 方法。代码如下。

```
public class WoodsMan {
    ……
    private AxeManager axeManager;
    ……
    public void chopWood(String axeName) {
        Axe axe = axeManager.findAxe(axeName);
        if(axe != null){
            axe.chop();
        }
        else{
            System.out.println("斧头不存在:" + axeName);
        }
    }
}
```

但这样的方法仍然存在可维护性差的问题，因为所有的修改都集中到了 xml 文件中，试想如果今后斧头的种类达到成百上千种，那么这个 xml 文件将极难维护。

因此在运用 xml 文件进行依赖注入时，要避免出现类似上述例子中的问题。当然基于 xml 文件的依赖注入也并非完全不可用。比如在 DAO 层

（数据访问层）的设计中可以采用 xml 文件进行配置。假设一个 Java Web 应用系统，最初实现时采用 MySQL 作为数据库。后来由于某些客户的特殊要求，必须使用 SQL Server。因此系统中实现了 MySqlDao 和 SqlServerDao 两套 DAO 层。在系统发布时，基于不同的配置文件分别发布了 MySQL 和 SQL Server 的版本。因为一个系统不会在运行时更换其对应的数据库，比如开始是基于 MySQL，在运行过程中需要切换为 SQL Server，因此不需要多态性。

鉴于 xml 文件的不足，Spring 框架在后期增加了基于注解的依赖注入方法，在需要注入对象时，直接在代码中进行修改即可，这大大增加了注入的灵活性。Spring 支持多个注解来注入对象，比如在类定义的上方增加 @Component 注解将一个普通的 Spring 类注入。代码如下。

```
@Component
public class StoneAxe implements Axe {
    public String chop() {
        ……//用石斧砍柴
    }
}

@Component
public class SteelAxe implements Axe {
    public String chop() {
        ……//用钢斧砍柴
    }
}
```

这样每一种斧头都会自动注入 Spring 的 Bean 容器中，然后在 AxeManager 中的 Map 对象 axeMap 之前使用@Autowired 注解，这样所有斧头的对象都会注入 axeMap 中。代码如下。

```
public class AxeManager {
    @Autowired
    private Map<String, Axe> axeMap; //axe 集合
    public void setAxeSet(Map<String, Axe> axeMap) {
            this.axeMap = axeMap;
    }
```

```
    public Axe findAxe(String axeName){
        return axeMap.get(axeName);
    }
}
```

这样的方式避免了xml文件难以管理的问题，且与“法则31：灵活注入对象”一节中介绍的方法相比更加灵活。软件设计师不用再去写一套注入对象的框架代码，仅需增加几个注解即可。

也许是因为这种方式太过简单灵活，在很多项目中存在注解注入被滥用的现象。类似下面这样所有类之间的关系都被设计为使用面向接口编程的方式。

```
public class MyClass {
    @Autowired
    private IA a;
    @Autowired
    private IB b;
    @Autowired
    private IC c;
    @Autowired
    private ID d;
    @Autowired
    private IE e;
}
```

其实每一个接口仅有一个实现类。代码如下。

```
public class ClassA1 implements IA{……}
public class ClassB1 implements IB{……}
public class ClassC1 implements IC{……}
public class ClassD1 implements ID{……}
public class ClassE1 implements IE{……}
```

然而当@Autowired注解用于修饰实例变量时，如果容器中仅有一个与该类型匹配的Bean时，Spring容器会把这个Bean注入该实例变量中，而有多个Bean时，反而会抛出异常。

这样的方式属于典型的过设计。如果你的工程中也存在这种现象，请分析这样设计的必要性，仔细考虑这些类是否都会被单独复用，即把某一个类的源文件单独拿出来放到另一个工程中。再者考虑其是否有被扩展的可能，也许将来基于接口 IA 扩展了另一个派生类 ClassA2。代码如下。

```
public class ClassA2 implements IA{……}
```

但扩展后在注入 IA 的对象时反而会出现异常，因为有多个 Bean 对应 IA 类型。这样的设计本身就存在问题。

面向接口编程的设计，要基于业务需求的实际情况，抽象出共性的部分，把将来可能发生变化的地方设计为接口，而不能一概而论地把所有类都抽象为接口。如果这些类之间仅仅是为了完成模块内部的某种分工协作，不妨就直接使用最朴实的对象创建方式。代码如下。

```
public class MyClass {
    private ClassA1 a = new ClassA1();
    private ClassB1 b = new ClassB1();
    private ClassC1 c = new ClassC1();
    private ClassD1 d = new ClassD1();
    private ClassE1 e = new ClassE1();
}
```

第 6 章：代码资源

本章将对本书示例代码中的部分工程进一步介绍，包含日志框架，进程委托调用框架，花样泡泡龙小游戏三个工程。

日志框架

物理学的测量体系中一个基本原则是：测量方法的引入不能对被测系统造成影响。比如我们用一根竹竿去测量游泳池中水的深度：把竹竿垂直插入水中并触及池底，然后再取出竹竿测量其被水浸湿部分的长度。但是我们却不能用竹竿去测量一个玻璃杯中水的高度。因为当竹竿插入玻璃杯时，竹竿本身对玻璃杯里的水位会造成很大影响，会导致水位明显上升。而竹竿对游泳池中水位的影响则可以忽略。因此用竹竿测量游泳池的水深是可行的，但测量玻璃杯中水的高度却不行。

在软件系统中记录日志时，同样需要遵循此原则。本节列举的日志框架包含两类日志接口。一类会在每次调用日志接口时，将日志信息保存到硬盘上的一个日志文件中。在写文件时会有一次磁盘 I/O，这个方法对大多数应用场景不会造成太大影响。但如果系统对实时性要求很高或者工作在系统内核层，那么就要充分评估这类磁盘 I/O 对系统带来的影响。可以考虑使用另一类接口，将日志信息保存在内存块中，而不是将其写入磁盘文件。

该框架是基于 C++开发的。只包含两个文件：Log.cpp 和 Log.h，可以在示例代码的 LogDemo 工程中获取，然后加入到你的工程中。其提供了三类日志接口 logstr、logmem 和 logpar。logstr 用于记录一个字符串信息，用法和 C 语言的 printf 类似，可以支持若干个参数的格式化打印；logmem 用于将一段内存信息打印为二进制码流的形式；logpar 用于记录一个全局唯一的日志 id 和两个参数，其仅将日志信息记录到内存中，并不直接写文件以提高效率，该函数用于对性能要求较高的系统中进行日志记录。

logstr 和 logmem 使用了 C/C++宏__FILE__和__LINE__，在输出日志时可以同时打印出该行代码所在的文件名和行号，这样对于分析问题会带来很大的方便。logpar 为了提高效率并没有使用这两个宏记录文件名和行号，其需要记录一个全局唯一的日志 id，使得日志信息和代码出处一一对应。

logstr 使用举例：假设 OpSystem.cpp 的第 335 行记录日志的代码如下。

```
logstr("MyData = %d", GetMyData());
```

对应的日志文件中的内容将是如下这样（在日志 txt 文件中）。

```
FILE:.\OpSystem.cpp
LINE:335
MyData = 1
```

logmem 使用举例：假设 OpSystem.cpp 的第 525 行 logmem 代码如下。

```
ether_header* mac = (ether_header*)sp;
logmem("ether_header: ", mac, sizeof(*mac));
```

对应的日志将内存块的内容以 16 进制的字节形式输出为如下这样。

```
FILE:.\ OpSystem.cpp
LINE:525
ether_header:
size=14
ff ff ff ff ff ff 00 50 56 c0 00 08 08 06
```

这样很直观地把日志和对应的代码关联起来，方便问题定位。

logpar 使用举例。

```
logpar(0x00800101, 1, 2);
```

出于性能考虑，该日志仅记录了 3 个参数和记录日志的时间。

```
[2019-11-11 15:53:23] logId:0x800101, par1:1, par2:2
```

除了上述 3 个 log 日志接口外，还有 3 个 debug 日志接口 dbgstr、dbgmem 和 dbgpar。不同之处在于，log 日志的日志级别为 1，debug 日志的日志级别为 2。可以通过 SetLogSwitch 函数设置系统日志级别：如果设置为 2，则代码中的 log 日志和 debug 日志都会输出；设置为 1 则仅有 log 日志会输出；设置为 0 则关闭所有日志的输出功能。

```
int SetLogSwitch(int ls);
```

这个日志开关实际上被放到了一个全局共享内存中。在 CreateShareMem 中的第 469 行，该初始值被设置为 2。代码如下。

```
bool COpShareMem::CreateShareMem()
{
462     if (!OpenShareMem())
463     {
            … …
467         m_data = (PMemData)::MapViewOfFile(...);
468         if(m_data){
469             m_data->data = 2;
470         }
471
472         return NULL == m_data ? false : true;
473     }
474     else
475         return true;
}
```

还可以通过另外一个单独的程序对日志进行打开或关闭。这是通过 COpShareMem 类实现的。代码如下。

```
COpShareMem::COpShareMem()
{
    strcpy(m_memName,
           "Global\\BCFF3605-EFA8-4F49-A363-75C2B5D61A79");
    m_memHandle = NULL;
    m_data = NULL;
    CreateShareMem();
}
```

COpShareMem 的构造函数中设置了该全局共享内存的名字，读者可以自行修改。然后写一个小程序通过 SetLogSwitch 设置该开关。LogDemo 中包含了独立设置日志开关的程序 LogSwitch，可以直接使用。例如通过如下方式将日志关闭，如图 6-1 所示。

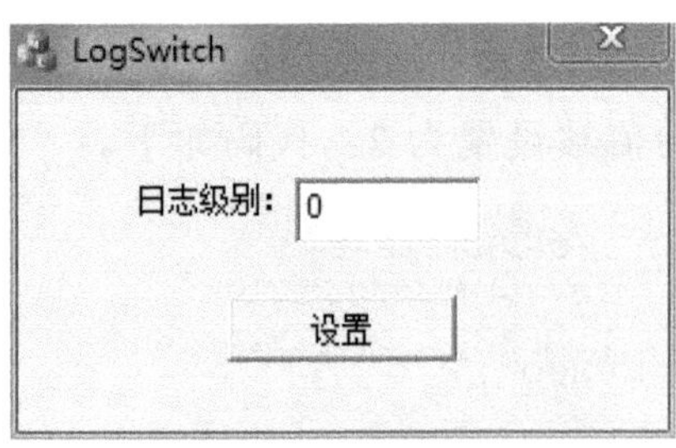

图 6-1　日志开关界面

下面再进一步介绍该日志框架的工作流程。代码中每一处使用了这些日志接口的地方，实际上都会生成一个类型为 LogWriter 的临时对象。代码如下。

```
LogWriter::LogWriter(int logLevel, const char* logFile,
                     const char* codeFile, int codeLine)
        : m_logFile(logFile)
{
    char tmp[256];
    _itoa_ss(codeLine, tmp, sizeof(tmp), 10);
    m_fmt = codeFile;
    m_fmt = "\r\nFILE:" + m_fmt + "\r\nLINE:";
    m_fmt += tmp;
    m_fmt += "\r\n";

    m_logLevel = logLevel;
}

LogWriter::LogWriter(int logLevel, const char* logFile)
         : m_logFile(logFile)
{
    m_fmt += "\r\n";
    m_logLevel = logLevel;
}
```

在对象构造时会将日志文件的文件名及日志级别传入。如果使用 logstr 和 logmem 等接口还会传入当前代码所在的文件名和行号。日志文件名定义在 Log.h 中，可以自行修改。代码如下。

```
#ifndef LOG_FILE
#define LOG_FILE "LogFile"
#endif
```

此外还可以在各 cpp 文件中单独定义该宏，使得不同的 cpp 中的日志输出到不同的日志文件中，方便问题分析。代码如下。

```
//myclient.cpp 文件中
#define LOG_FILE "MyClient"
#include "Log.h"
//以下的日志内容都输出到 MyClient.txt 文件中
```

此外对于 logstr 和 dbgstr 调用的是 operator()函数；对于 logmem 和 dbgmem 调用的是 LogMem 函数；对于 logpar 和 dbgpar 调用的是 Log 函数。代码如下。

```
class LogWriter
{
public:
    ……
    void operator()(const char *fmt, ...);
    void LogMem(const char *fmt, const void* data,
                const size_t dataSize);
    void Log(int logId, int par1, int par2);
};
```

这里对 operator()的用法稍做说明。这是 C++仿函数（functor）的特性，operator()是关键字，表示一个 LogWriter 类的成员函数，函数名不包含任何字母，仅仅是一对括号“()”。使用这种方法主要是为了在对象创建后紧接着直接调用“()”函数，传入不定长参数。每一处 logstr 的地方实际上是创建了一个 LogWriter 对象，同时在构造函数中传入 4 个参数：日志级别、日志文件的文件名（默认情况下位于 C:\MyLog\ 文件夹下）、当前代码所在的文件名和行号。再调用 operator()函数将日志内容进行组织，然后输出。代码如下。

```
void LogWriter::operator()(const char *fmt, ...)
{
    if ( ! CouldWriteLog(m_logLevel))
```

```
        return;
    TestAndWriteCurrentTime(m_logFile);
    va_list ptr; va_start(ptr, fmt);
    m_fmt += fmt;
    const LogFile* lf = LogFileCtrl::GetLogFile(m_logFile);
    if(lf){
        lf->WriteStr(m_fmt.c_str(), ptr);
    }
    va_end(ptr);
}
```

首先调用 CouldWriteLog 根据日志级别判断是否满足输出条件，然后调用 TestAndWriteCurrentTime 在日志中先输出一段时间信息。每 1s 输出一条，类似下面这样。

```
Current time:11/11/19 15:43:46
```

最后根据日志文件名找到对应的 LogFile 对象，调用其 WriteStr 函数将日志进行输出。

此外，在 Windows 编程如果使用了 UNICODE，对于宽字符的字符串或者 CString 对象在输出日志时会有些麻烦，因为日志接口仅支持 char 类型的字符串。为了解决这一问题，在 Log.h 中定义了一个字符串转换类，可以将 UNICODE 字符转换为 char 类型的字符。代码如下。

```
#ifdef UNICODE
class WToA     //wchar_t* -> char*
{
public:
    WToA(const wchar_t* cs)
    {
        int n = WideCharToMultiByte(CP_ACP,0,cs,-1,NULL,0, NULL,NULL);
        if(n <= 0){
            buff = NULL;
            return;
        }
        buff = new char[n+2];
        if(buff){
            memset(buff,0,n+2);
```

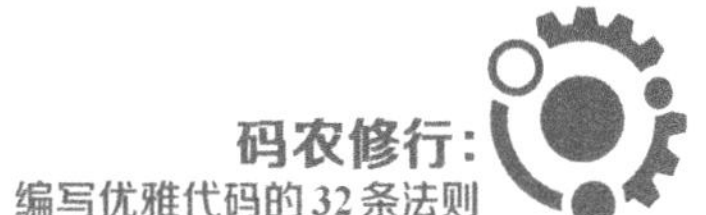

```
            WideCharToMultiByte(CP_ACP,0,cs,-1,buff,n,NULL, NULL);
        }
    }
    ~WToA()
    {
        delete[] buff;
    }
    const char* operator &() //注意这是成员函数重载了运算符，友元函数重载需要参数
    {
        if (NULL == buff) {
            return "";
        }
        return buff;
    }
private:
    char* buff;
};
#endif
```

在需要对宽字符输出日志的地方，采用如下方式即可。

```
CString par; //UNICODE字符
logstr("execute timeout. %s", &WToA(par));
```

进程委托调用框架

“法则 13：规避短板”中，介绍了一个通过多进程的方式委托调用某个不稳定函数的方法。下面进一步介绍其框架代码，包含 ProcRuner 和 ShareMem 两个类。

ProcRuner 在主进程中以派生的方式复用。该类定义如下。

```
class ProcRuner //Process runer
{
public:
    virtual ~ProcRuner(void);
    int Execute(CString parameter);

protected:
    ProcRuner(void);
    //运行工作进程前调用，派生类可以在此做一些准备工作
    virtual void BeforeExecute() = 0;
    //工作进程运行完成后调用，派生类可以在此获取共享内存中的结果
    virtual void AfterExecute() = 0;

private:
    BOOL PrepareShareMem(CString& mapName);
    CString GetRandomStr();
    CString GetSerialNo();
    HRESULT GetSoftDirectory(CString &dir);
    int CreateProcessAndWaitExit(CString procPath,
                                 CString par);

protected:
    DWORD m_FileMapSize;
    CString m_MapNameBase;
    int m_WaitTimeOut; //等待工作进程执行的时间，单位：s
    LPBYTE m_pMem;
    CString m_ProcFileName;

private:
    static unsigned  int SerialNo; //自增序列号，全局唯一
```

```
    HANDLE m_hShareMem;
};
```

将 ProcRuner 的构造函数定义为 protected，传递了一个信息：该类只能被派生，不能直接实例化。同时 BeforeExecute 和 AfterExecute 为纯虚函数，表明派生类必须重写这两个函数。

其成员变量中，SerialNo 是一个静态成员变量，其初始值为 0。每次启动工作进程时所创建的全局共享内存名字 strMapName 由 3 部分组成：第一段 Global 表示该内存是全局的；第二段 GetSerialNo()就是由 SerialNo 生成的，每次调用后 SerialNo 自动加 1；第三段 m_MapNameBase 需要由派生类自行定义，取一个单独的名字。相关代码如下。

```
unsigned int ProcRuner::SerialNo = 0;
CString ProcRuner::GetSerialNo()
{
    TCHAR buf[64] = {0};
    _sntprintf(buf, ASIZE(buf), _T("%u"), SerialNo);
    SerialNo++;
    return buf;
}

BOOL ProcRuner::PrepareShareMem(CString& strMapName)
{
    strMapName = _T("Global\\") + GetSerialNo()+ m_MapNameBase;
    ……
}
```

通过这样组合后，保证了每次创建的全局共享内存都是唯一的，各工作进程独立使用自己的一片内存区域。然后调用方通过 Excute 启动工作进程。代码如下。

```
int ProcRuner::Execute(CString strParam)
{
    CString strMapName;
    if( ! PrepareShareMem(strMapName)){
        logstr("PrepareShareMem fail. strParam:%s",
                &WToA(strParam));
        return -1;
```

```
    }

    BeforeExecute();

    CString strMapSize;
    strMapSize.Format(_T("%d"), m_FileMapSize);

    CString strCurDir;
    GetSoftDirectory(strCurDir);
    CString strExe = strCurDir + m_ProcFileName;
    DWORD dwOldTick = GetTickCount();
    int err = CreateProcessAndWaitExit(strExe, strMapName +
                    _T("?") + strMapSize + _T("?") + strParam);
    if(err){
        logstr("CreateProcessAndWaitExit fail. err:%d", err);
        return err;
    }
    dbgstr("%s. tick=%d", &WToA(strExe), GetTickCount()-dwOldTick);

    AfterExecute();
    return 0;
}
```

其首先通过PrepareShareMem创建全局共享内存，其内部使用Windows API CreateFileMapping创建一个全局共享内存，然后通过MapViewOfFile将其映射到用户空间。代码如下。

```
BOOL ProcRuner::PrepareShareMem(CString& strMapName)
{
    strMapName = _T("Global\\") + GetSerialNo() + m_MapNameBase;
    m_hShareMem = CreateFileMapping(INVALID_HANDLE_VALUE, NULL,
                                    PAGE_READWRITE|SEC_COMMIT,0,
                                    m_FileMapSize, strMapName);
    if( ! m_hShareMem){
        logstr("CreateFileMapping fail. error=%d, map name:%s",
                GetLastError(), &WToA(strMapName));
        return FALSE;
    }
```

```
    m_pMem=(LPBYTE)MapViewOfFile(m_hShareMem, FILE_MAP_WRITE,
                                0, 0, 0);
    if( ! m_pMem){
        logstr("MapViewOfFile fail. error=%d. map name:%s",
                GetLastError(), &WToA(strMapName));
        CloseHandle(m_hShareMem);
        m_hShareMem = NULL;
        return FALSE;
    }

    return TRUE;
}
```

创建成功后 m_pMem 即为这片内存的指针，用于后续流程。

再回到 ProcRuner::Execute 中，然后会调用 BeforeExecute 用于准备工作。该函数必须由派生类重写，主要是进行参数传递。变量 strExe 用于保存工作进程对应的可执行文件的绝对路径，然后调用 CreateProcessAndWaitExit 启动进程并等待其执行完成。最后再调用另一个派生类必须重写的虚函数 AfterExecute，完成整个执行过程。

CreateProcessAndWaitExit 的代码如下，有一点需要留意，在启动工作进程后，需要等待其执行完成。但是如果其内部存在死循环，则其永远不会结束，这样会导致主进程一直等待。因此通过 m_WaitTimeOut 控制等待工作进程的时间。该值默认为-1，表示永远等待。如果需要设置一个具体的等待时长，就在派生类中进行修改。如果超时后工作进程还未执行完成，就将其结束掉。

```
int ProcRuner::CreateProcessAndWaitExit(CString strExe,
CString strPar)
{
    PROCESS_INFORMATION pi;
    STARTUPINFO si;
    memset(&si,0,sizeof(si));
    si.cb = sizeof(si);
    si.wShowWindow = SW_HIDE;
    si.dwFlags = STARTF_USESHOWWINDOW;
    BOOL fRet = CreateProcess(strExe.GetBuffer(strExe.GetLength()),
```

```
                strPar.GetBuffer(strPar.GetLength()),NULL,FALSE,
                NULL, NORMAL_PRIORITY_CLASS | CREATE_NO_WINDOW,
                NULL, NULL, &si,&pi);
    if( ! fRet){
        int err = GetLastError();
        logstr("CreateProcess fail. error=%d path:%s",
                err, &WToA(strExe));
        return -err;
    }

    ///判断
    DWORD ExitCode;
    ExitCode = STILL_ACTIVE;
    Sleep(0);
    GetExitCodeProcess(pi.hProcess,&ExitCode);

    if( m_WaitTimeOut >= 0){
        //按 m_WaitTimeOut 等待工作进程执行完毕
        int waitCnt = m_WaitTimeOut*100;
        for(int i = 0;ExitCode == STILL_ACTIVE && i<waitCnt; i++)
        {
            Sleep(10);
            GetExitCodeProcess(pi.hProcess,&ExitCode);
        }
    }
    else{
        for(int i = 0; ExitCode == STILL_ACTIVE; i++) //永远等待
        {
            Sleep(10);
            GetExitCodeProcess(pi.hProcess,&ExitCode);
        }
    }

    if(ExitCode == STILL_ACTIVE){
        //程序还未退出，强制结束
        TerminateProcess(pi.hProcess, 0);
        logstr("execute timeout. %s", &WToA(strPar));
    }
```

```
    CloseHandle(pi.hProcess);
    if(pi.hThread){
        CloseHandle(pi.hThread);
    }
    return 0;
}
```

ShareMem 类在工作进程中使用，主要用于读取主进程传递的参数并创建共享内存。其构造函数根据主进程传递的参数解析相应字段，并创建共享内存。代码如下。

```
ShareMem::ShareMem(const CString& cmdLine)
{
    //命令行形如: mmmmm?sssss?ppppp
    //用？分隔的 3 个字符串，第 1 个为共享内存名称，
    //第 2 个为共享内存大小，第 3 个为父进程传入的一个启动参数
    m_hShareMem = NULL;
    m_pMem = NULL;
    int pos = cmdLine.Find(_T('?'));
    if(pos >= 0){
        m_MapName = cmdLine.Left(pos);
        m_Parameter = cmdLine.Mid(pos+1);
        pos = m_Parameter.Find(_T('?'));
        if(pos >= 0){
            CString mapSize = m_Parameter.Left(pos);
            m_Parameter = m_Parameter.Mid(pos+1);
            m_FileMapSize = _tstoi(mapSize);
        }
        if(m_FileMapSize <= 0){
            m_FileMapSize = 0x400000;
        }
        PrepareShareMem();
    }
}
```

主进程传递过来的命令行格式形如：参数 1?参数 2?参数 3，用?分隔为 3 个部分，第 1 个为共享内存名称，第 2 个为共享内存大小，第 3 个为父进程传入的一个启动参数。上述代码在解析了这些字段后，就通过

PrepareShareMem 创建全局共享内存，其实现方式与主进程中的类似，代码不再赘述。

最后，通过 GetShareMem 函数可以获取这片内存进行结果传递。代码如下。

```
LPBYTE ShareMem::GetShareMem(void)
{
    return m_pMem;
}
```

花样泡泡龙

“法则 29：避免循环依赖”一节中介绍了我曾写过的一个 Android 小游戏“花样泡泡龙”。希望读者对这个小游戏感兴趣，本节将对这个小游戏的代码做一个详细介绍。示例代码中包含了两个工程：Android Developer Tools 和 Android Studio，读者可自行选择。图 6-2 为系统的类结构，在消除了循环依赖后，各类之间的依赖关系已经不包含“环路”了。

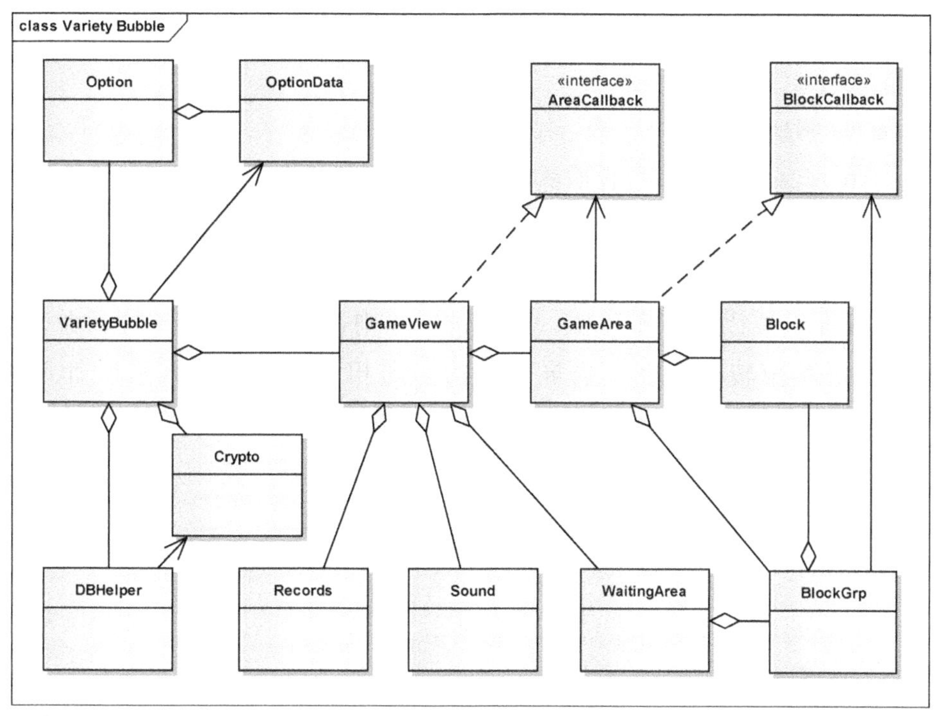

图 6-2　系统的类结构

系统包含两个 Activity：VarietyBubble 和 Option。前者负责整个程序的主要功能管理，后者负责做一些参数设置。设置的结果通过 OptionData 类进行传递。DBHelper 负责数据库管理，如果游戏进行过程中玩家退出程序，那么下次再启动程序时还能继续上一次的游戏进度。在数据保存时有一些信息，比如玩家的得分，需要进行加密防止信息被篡改。因此使用 Crypto 实现了一个 AES 加密算法。

游戏的主视图由 GameView 进行管理，其画布分为两个部分：游戏区 GameArea 和积木组等待区 WaitingArea。此外，玩家的得分记录由 Records 进行管理，游戏的音效由 Sound 进行管理。这几个类都由 GameView 控制。

每一块积木由 Block 表示。游戏开始时积木以积木组（BlockGrp）的形式从游戏区中落下，并最终落到游戏区底部。根据其排列情况进行消除并获得相应积分。另外为了消除循环依赖，引入了两个接口 AreaCallback 和 BlockCallback。

此外还有一个工具类 Util 管理了一些公用的算法、数据等。其不依赖于任何一个类，但几乎每个类都使用了其提供的方法。因此该类没有在图 6-2 的类图中体现。

● **屏幕坐标**

手机屏幕的坐标系与我们熟知的数学笛卡儿坐标系有所差别。坐标原点(0,0)位于屏幕左上角。*X* 轴从左至右延伸，*Y* 轴从上到下延伸。

GameView 负责整个屏幕的绘制，其占满了整个屏幕。竖屏模式下 GameArea 区域位于屏幕上部，WaitingArea 则在 GameArea 下方。由于手机支持屏幕旋转的功能。横屏模式的布局相当于竖屏模式逆时针旋转 90°，GameArea 区域位于左侧，WaitingArea 位于右侧，如图 6-3 所示。

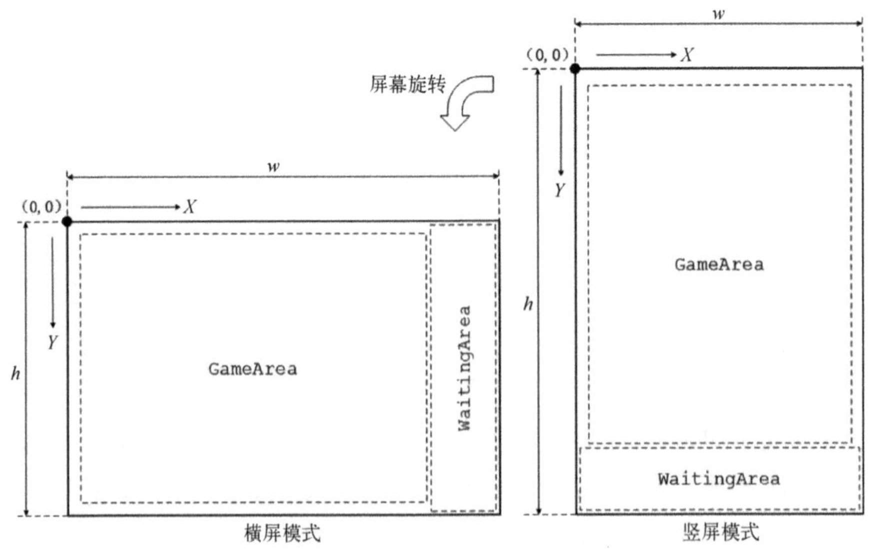

图 6-3　屏幕旋转示意图

系统启动或屏幕旋转时，Android框架回调GameView的onSizeChanged方法，传入新的屏幕宽度（w）和高度（h），同时传入之前的宽度和高度（oldw和oldh）。如果是启动阶段首次调用，则oldw和oldh传入值为0。

```
public class GameView extends View implements AreaCallback {
    ……
    protected void onSizeChanged(int w, int h, int oldw, int oldh) {
        if(mXScreenSize == w && mYScreenSize == h)
            return;

        updateAreaInfo(w, h, oldw, oldh);
    }
}
```

GameView会将屏幕宽度和高度保存为mXScreenSize和mYScreenSize，如果这两个值都没有变化，则不做处理。否则就调用updateAreaInfo进一步进行屏幕区域划分。

- **区域划分**

游戏区中长边和短边的积木数量可以由玩家自行设置，如果数量较大，则积木就相对会小一些；如果数量较小，则积木就相对大一些。比如积木数量设置为10×15时，如图6-4a所示，设置为15×25时，如图6-4b所示。

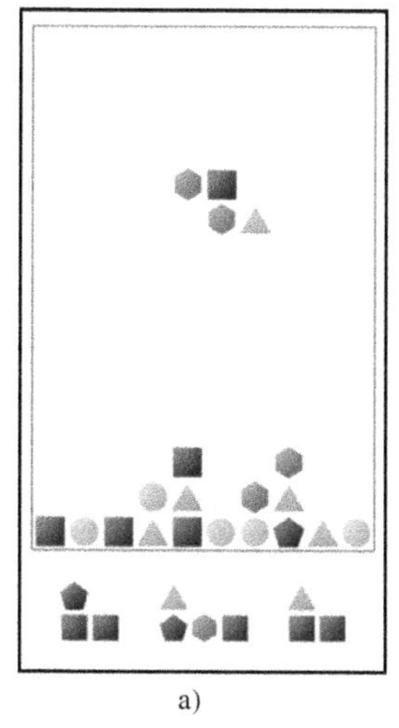
a)

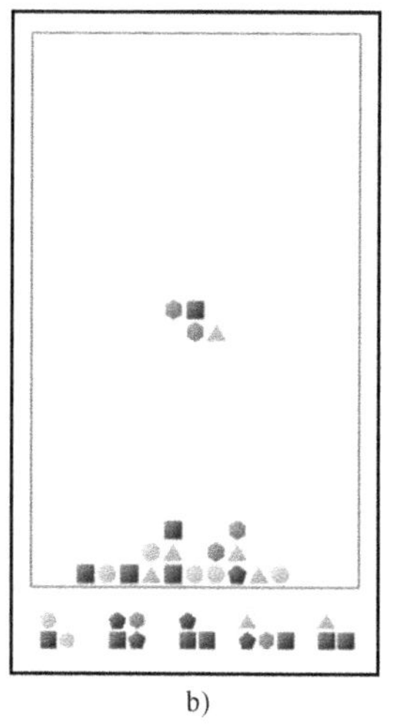
b)

图6-4　积木排列图

a) 数量小时　b) 数量大时

在 updateAreaInfo 中首先调用 calcBlockSize 计算积木的大小。因为要预留一块区域给 WaitingArea 用于展示即将进入游戏区的积木组，而积木组在 *X* 轴和 *Y* 轴方向都最多包含 3 块积木。因此在计算长边的积木大小时要多算 3 块。以竖屏模式（短边对应宽度，长边对应高度）为例，根据短边计算积木大小为：短边长度/短边积木数，根据长边计算积木大小为：长边长度/(长边积木数+3)；两个值取较小的一个设为积木大小。代码如下。

```
Math.min(gameAreaW / mBlockNumOnShortLine,
        gameAreaY / (mBlockNumOnLongLine + 3));
```

同时考虑一定美观，GameArea 区域的四周留有一定空白，因此不能直接用 *w* 和 *h* 值进行计算，而是预留了总长的 1/40。短边积木数默认值为 13，长边积木数默认值为-1，程序安装后首次运行时，会根据屏幕大小计算该值。

calcBlockSize 代码如下。

```
private int calcBlockSize(int w, int h)
{
    //实际游戏区的短边（竖屏为 gameAreaW，横屏为 gameAreaY）为屏幕宽（或
    //高）的 39/40，留 1/40 的余量作为边距
    int gameAreaW = w - w/40;
    int gameAreaY = h - h/40;
    if(isScreenLandScape()){
        if(mBlockNumOnLongLine < 0)
            return gameAreaY / mBlockNumOnShortLine;
        else
            return Math.min(gameAreaY / mBlockNumOnShortLine,
                        gameAreaW / (mBlockNumOnLongLine + 3));
    }else{
        if(mBlockNumOnLongLine < 0)
            return gameAreaW / mBlockNumOnShortLine;
        else
            return Math.min(gameAreaW / mBlockNumOnShortLine,
                            gameAreaY/(mBlockNumOnLongLine+3));
    }
}
```

接下来需要计算 GameArea 中 *X* 轴和 *Y* 轴的积木数量。长边积木数如果没有进行过设置，则需要计算。横屏模式下 *X* 轴为长边，计算公式为：mXScreenSize / blockSize – 3。因为要为 WaitingArea 预留 3 块积木的位置。竖屏模式 *Y* 轴为长边，计算公式为：mYScreenSize / blockSize – 3。相关代码如下。

```
int xBlockCount;
int yBlockCount;
if(isScreenLandScape()){
    if(mBlockNumOnLongLine < 0){
        //减 3 是为了保证有地方显示 WaitingArea
        xBlockCount = mXScreenSize / blockSize - 3;
        mBlockNumOnLongLine = xBlockCount;
        shouldSave = true;
    }else{
        xBlockCount = mBlockNumOnLongLine;
    }
    yBlockCount = mBlockNumOnShortLine;
}else{
    xBlockCount = mBlockNumOnShortLine;
    if(mBlockNumOnLongLine < 0){
        //减 3 是为了保证有地方显示 WaitingArea
        yBlockCount = mYScreenSize / blockSize - 3;
        mBlockNumOnLongLine = yBlockCount;
        shouldSave = true;
    }else{
        yBlockCount = mBlockNumOnLongLine;
    }
}
```

此外如果长边积木数为首次计算得到，则置 shouldSave 为 true，在函数末尾会将长边和短边积木数进行保存。

然后通过 calcGameAreaRect 计算 GameArea 的矩形区域。每一个 Rect（矩形）由（left，top，right，bottom）四个参数确定，如图 6-5 所示。

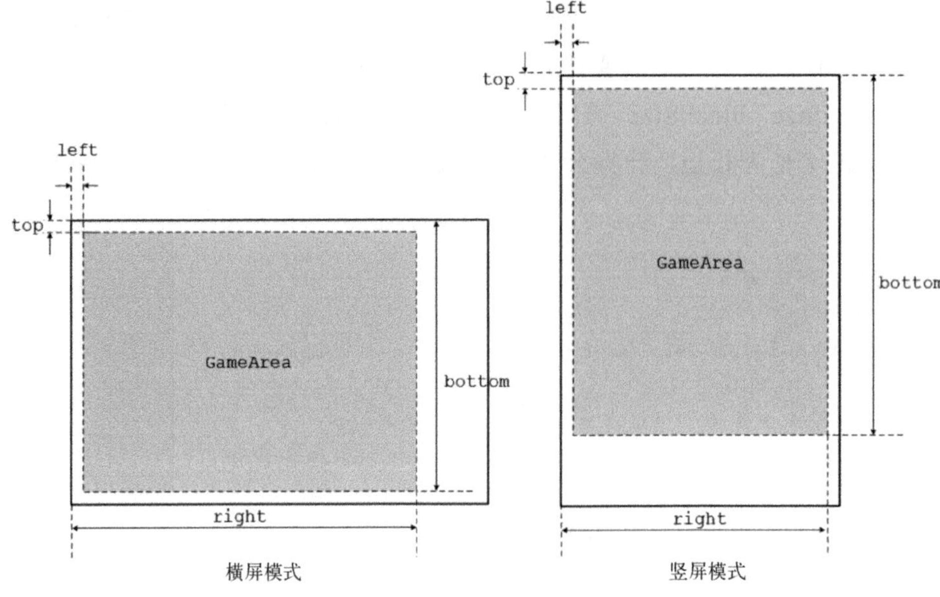

图 6-5 GameArea 布局

需要注意，对于横屏模式，*X* 轴需要多考虑 3 块积木；对于竖屏模式，*Y* 轴需要多考虑 3 块积木，为 WaitingArea 留够空间。GameArea 的矩形区域计算公式如下 calcGameAreaRect 函数所示。

```
private Rect calcGameAreaRect(int blockSize, int xBlockCount,
                              int yBlockCount){
    Rect rect = new Rect();
    if(isScreenLandScape()){
        rect.left = (mXScreenSize - blockSize * 3
                - blockSize * xBlockCount) / 2;
        rect.top = (mYScreenSize-(blockSize * yBlockCount)) / 2;
    }else{
        rect.left = (mXScreenSize-(blockSize * xBlockCount))/2;
        rect.top = (mYScreenSize - blockSize * 3
                - blockSize * yBlockCount) / 2;
    }
    rect.right = rect.left + blockSize * xBlockCount;
    rect.bottom = rect.top + blockSize * yBlockCount;
    return rect;
}
```

剩余的区域分配给 WaitingArea，如图 6-6 所示。

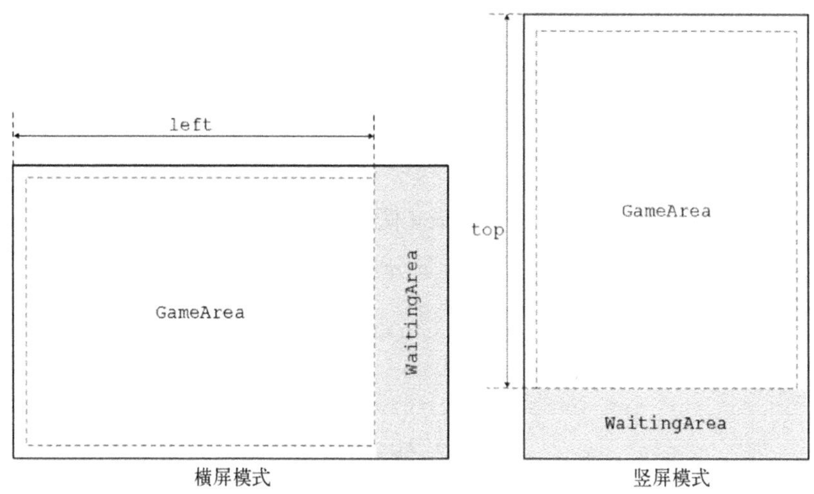

图 6-6 WaitingArea 布局

对于横屏模式其 left 为 GameArea 的 right，top 为 0；对于竖屏模式其 top 为 GameArea 的 bottom，left 为 0。right 和 bottom 设置为屏幕右下角坐标。WaitingArea 的矩形区域计算公式如下 calcWaitingAreaRect 函数所示。

```
private Rect calcWaitingAreaRect(Rect gameAreaRect){
    Rect rect = new Rect();
    if(isScreenLandScape()){
        rect.left = gameAreaRect.right;
        rect.top = 0;
    }else{
        rect.left = 0;
        rect.top = gameAreaRect.bottom;
    }
    rect.right = mXScreenSize;
    rect.bottom = mYScreenSize;
    return rect;
}
```

然后再计算 WaitingArea 中可以显示多少个积木组。例如前文展示的积木数量为 10×15 时，可以显示 3 个积木组；积木数量为 15×25 时，可以显示 5 个积木组。代码如下。

```
int blockGrpNum; //计算 WaitingArea 中可以存放几个 BlockGrp
if(isScreenLandScape()){
    blockGrpNum = mYScreenSize / blockSize / 3;
}else{
    blockGrpNum = mXScreenSize / blockSize / 3;
}
```

计算好 GameArea 和 WaitingArea 两个区域的位置参数后，就进一步处理这两个区域中的数据。分 3 种场景分别进行处理，代码如下。

```
if(mGameArea == null || mWaitingArea == null){
    //首次运行
    mGameArea = new GameArea(this, gameAreaRect, xBlockCount,
                             yBlockCount);
    mWaitingArea = new WaitingArea(blockGrpNum, waitingAreaRect,
                                   isScreenLandScape());
}
else if(w == oldh && h == oldw){
    //屏幕旋转
    mGameArea.revolveScreen(isScreenLandScape());
    mWaitingArea.setBlockGrpNum(blockGrpNum);
    mWaitingArea.setRect(waitingAreaRect, isScreenLandScape());

    if(inRunningState())
        nextState(Util.State.FALLING);
    else
        mScreenRevolved = true;
}else {
    //配置发生变化
    mGameArea.updateGameArea(gameAreaRect, xBlockCount,yBlockCount);
    mWaitingArea.setBlockGrpNum(blockGrpNum);
    mWaitingArea.setRect(waitingAreaRect,isScreenLandScape());
}
```

1）如果是首次运行，mGameArea 和 mWaitingArea 均为 null，需要创建这两个对象。

2）如果是屏幕的长度和宽度刚好互换了，那么说明屏幕发生了旋转，需要调整两个区域的位置并处理旋转的效果。

3）如果是由于参数变化（玩家修改了长边积木数和短边积木数）引起的区域位置调整，需要更新各区域的参数。

● **游戏区初始化**

游戏区中划分了 xBlockCount×yBlockCount 的方格位置，对应一个二维数组 mBlocks 用于存放每个 Block。

```
public class GameArea implements BlockCallback {
    private Block[][] mBlocks;
    ……
}
```

GameArea 的构造函数如下。

```
public GameArea(AreaCallback callback, Rect rect, int xBlockCount,
  int yBlockCount){
    mNotify = callback;
    mLineWidth=Math.min(rect.left+rect.right,rect.top+rect.bottom)/160;
    if(mLineWidth <= 0){
        mLineWidth = 2;
    }
    mLinePaint.setARGB(255, 128, 128, 128);
    mLinePaint.setStyle(Paint.Style.STROKE);
    mLinePaint.setStrokeWidth(mLineWidth);

    updateGameArea(rect, xBlockCount, yBlockCount);
}
```

首先记录了 mNotify 回调接口，上层传入的实际上是 GameView 的对象，其实现了 AreaCallback 接口。这是为了消除循环依赖而采用的接口分离方法，这部分代码留给读者自行阅读。

然后是为了绘制 GameArea 四周的边框而做的准备。首先根据屏幕的宽和高计算该边框线条的宽度（mLineWidth），计算方法为取游戏区的宽（left+right）和高（top+bottom）的较小者，再除以 160。为何是 160 呢？这是一个经验值，设置得更大点或更小点都可以，这取决于想让边框线条显得更细或更粗。再设置边框画笔（mLinePaint）的颜色、风格和宽度。

最后调用 updateGameArea 设置游戏区中的其他属性。先看该函数的前半部分，代码如下。

```
37  public void updateGameArea(Rect rect,int xBlockCount,int yBlockCount){
38      if(xBlockCount == mXBlockCount && yBlockCount == mYBlockCount){
39          return;
40      }
41      if(xBlockCount <= 0 || yBlockCount <= 0){
42          Log.e("VarietyBubble",String.format("updateGameArea:error!
43                 [%d,%d]",xBlockCount, yBlockCount));
44          return;
45      }
46      mRect.set(rect);
47      mXBlockCount = xBlockCount;
48      mYBlockCount = yBlockCount;
49
50      //对边框的坐标进行修正，为了使边框线条的中心线处于mRect的位置，做如下调整
51      mFrameLeft = rect.left - mLineWidth/2;
52      mFrameTop = rect.top - mLineWidth/2;
53      mFrameRight = rect.right + mLineWidth/2;
54      mFrameBottom = rect.bottom + mLineWidth/2;
55      if((mFrameLeft + mFrameRight) % 2 != 0){
56          mFrameRight++; //确保左右对称
57      }
58      if((mFrameTop + mFrameBottom) % 2 != 0 ){
59          mFrameBottom++; //确保上下对称
60      }
61
62      Block[][] tmpBlocks = new Block[xBlockCount][yBlockCount];
63      boolean[][]tmpBlockTouched=new boolean[xBlockCount][yBlockCount];
64      if(mBlocks == null || mBlockTouched == null){
65          mBlocks = tmpBlocks;
66          mBlockTouched = tmpBlockTouched;
67          return;
68      }
    ……
}
```

首先判断如果 X 和 Y 轴的积木个数都没变，第 39 行就直接 return。

初始化时 mXBlockCount 和 mYBlockCount 的初始值都是-1，这个条件肯定不满足。然后第 41 行对传入参数的合法性进行校验，积木个数不能小于或等于 0。然后保存游戏区的 Rect、*X* 和 *Y* 轴的积木数量（第 46～48 行）。

在 GameArea 中定义了 4 个成员变量用于绘制游戏区的边框。mFrameLeft，mFrameTop，mFrameRight，mFrameBottom，具体算法参考代码第 51～54 行。为什么不直接用 mRect 中的位置来绘制边框呢？是因为边框的线条是有宽度的，做这样的处理是为了使边框线条的中心线处于 mRect 的位置。此外，由于除法运算向下取整可能会有误差，如果 mFrameLeft + mFrameRight 不是偶数，第 56 行再将 mFrameRight+1，使得左右对称。第 59 行对 mFrameBottom 也做类似处理。

然后第 62～63 行根据 *X* 和 *Y* 轴的积木数量，动态生成两个二维数组。tmpBlocks 用于存放积木块，tmpBlockTouched 用于在做遍历算法时记录一个标记。对于初始化时，mBlocks 和 mBlockTouched 均为 null，将 new 出来的两个临时数组赋值给 mBlocks 和 mBlockTouched 后就从第 67 行 return 了。至此完成了游戏区（GameArea）的初始化。

- **游戏区屏幕旋转**

玩家在游戏进行过程中可以旋转手机屏幕。例如将竖屏（如图 6-7b 所示）旋转为横屏（如图 6-7a 所示），此时游戏区会调整为横屏模式。然后各悬空的积木会自由下落，直到所有积木都落到游戏区底部。

该功能通过 updateAreaInfo 中的第 2 种场景实现，通过如下分支调用 GameArea 的 revolveScreen 方法。

```
protected void updateAreaInfo(int w, int h, int oldw, int oldh){
    … …
    else if(w == oldh && h == oldw){
        //屏幕旋转
        mGameArea.revolveScreen(isScreenLandScape());
    … …
}
```

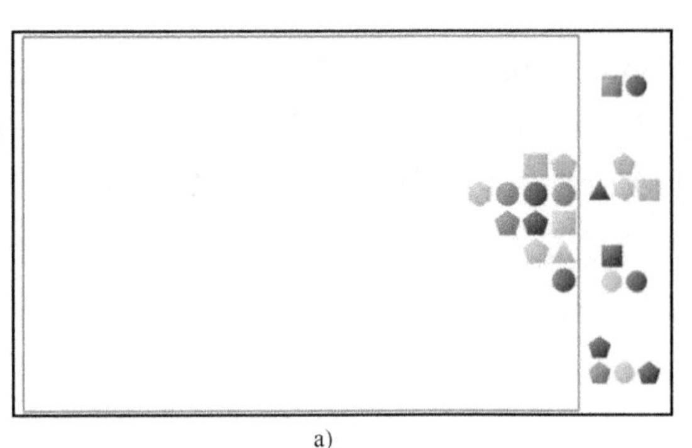

a)

b)

图 6-7　游戏屏幕旋转示意图

a) 横屏　b) 竖屏

屏幕旋转时难点在于游戏区中的积木坐标变换。例如从竖屏变为横屏时，屏幕旋转后，竖屏中的积木需要变换到横屏中的对应位置。在竖屏时坐标为(mYBlockCount-y-1,x)的积木，旋转为横屏后坐标变为(x,y)，如图 6-8 所示。

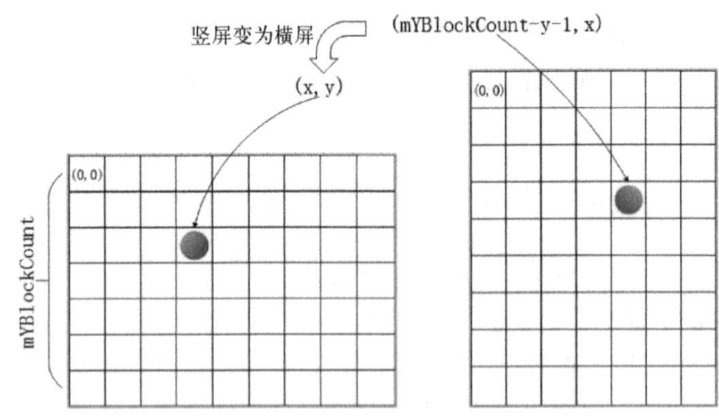

图 6-8　竖屏变为横屏坐标变换

横屏旋转为竖屏时计算方法类似，横屏中坐标为(y,mXBlockCount-x-1)

的积木在旋转后在竖屏中坐标变为(x,y)，如图 6-9 所示。

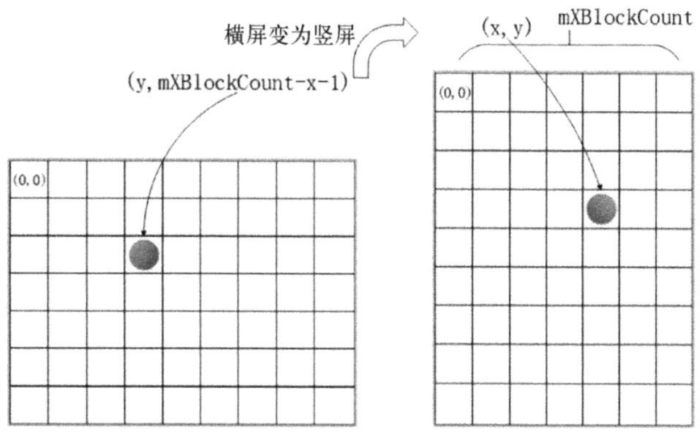

图 6-9　横屏变为竖屏坐标变换

在理解了上述坐标变换算法后，再来看 revolveScreen 的代码。代码如下。

```
public void revolveScreen(boolean isScreenLandScape){
    int tmp;

    tmp = mXBlockCount;
    mXBlockCount = mYBlockCount;
    mYBlockCount = tmp;

    //重新计算每个 Block 的坐标
    Block[][] tmpBlocks = new Block[mXBlockCount][mYBlockCount];
    boolean[][] tmpBlockTouched = new boolean[mXBlockCount]
      [mYBlockCount];
    if(isScreenLandScape){
        for(int x = 0; x < mXBlockCount; x++){
            for(int y = 0; y < mYBlockCount; y++){
                tmpBlocks[x][y] = mBlocks[mYBlockCount-y-1][x];
                tmpBlockTouched[x][y] = mBlockTouched
                  [mYBlockCount-y-1][x];
                if(tmpBlocks[x][y] != null)
                    tmpBlocks[x][y].setPosition(x, y);
            }
        }
```

```
    }else{
        for(int x = 0; x < mXBlockCount; x++){
            for(int y = 0; y < mYBlockCount; y++){
                tmpBlocks[x][y] = mBlocks[y][mXBlockCount-x-1];
                tmpBlockTouched[x][y] = mBlockTouched[y]
                  [mXBlockCount-x-1];
                if(tmpBlocks[x][y] != null)
                    tmpBlocks[x][y].setPosition(x, y);
            }
        }
    }
    mBlocks = tmpBlocks;
    mBlockTouched = tmpBlockTouched;

    Rect tmpRect = new Rect();
    tmpRect.left = mRect.top;
    tmpRect.top = mRect.left;
    tmpRect.right = mRect.bottom;
    tmpRect.bottom = mRect.right;
    mRect.set(tmpRect);

    tmp = mFrameLeft;
    mFrameLeft = mFrameTop;
    mFrameTop = tmp;

    tmp = mFrameRight;
    mFrameRight = mFrameBottom;
    mFrameBottom = tmp;

    setBlockGrpToBackup();
}
```

首先将 *X* 和 *Y* 轴的积木数互换，然后对游戏区中的积木进行坐标变换，再将 mRect 中的 top 与 left 互换、right 与 bottom 互换，将绘制边框使用的 mFrameLeft 与 mFrameTop 互换、mFrameRight 与 mFrameBottom 互换。此外由于屏幕旋转时，正在下落的积木组位置不好处理，只能等屏幕旋转完成后让其再从顶部重新下落一次。最后一行代码 setBlockGrpToBackup 完

成这一功能。

● **游戏区大小变化**

如果玩家通过配置修改了短边和长边积木数，则需要根据新的游戏区设置重新排布现有的积木。这部分工作由 updateGameArea 的后半部分代码完成。代码如下。

```
public void updateGameArea(Rect rect, int xBlockCount, int yBlockCount){
    ……
69      int newX, newY, oldX, oldY;
70      if(tmpBlocks.length > mBlocks.length){
71          //X 轴积木数变多
72          newX = (tmpBlocks.length - mBlocks.length)/2;
73          oldX = 0;
74      }else{
75          //X 轴积木数变少,则扔掉一些 Block
76          oldX = (mBlocks.length - tmpBlocks.length)/2;
77          newX = 0;
78      }
79
80      for(;oldX<mBlocks.length && newX<tmpBlocks.length;oldX++,newX++){
81          for(oldY=mBlocks[0].length-1,newY=tmpBlocks[0].length-1;
82              oldY >= 0 && newY >= 0; oldY--, newY--)
83          {
84              tmpBlocks[newX][newY] = mBlocks[oldX][oldY];
85              if(tmpBlocks[newX][newY] != null)
86                  tmpBlocks[newX][newY].setPosition(newX, newY);
87              tmpBlockTouched[newX][newY] = mBlockTouched [oldX][oldY];
88          }
89      }
90      mBlocks = tmpBlocks;
91      mBlockTouched = tmpBlockTouched;
92
93      setBlockGrpToBackup();
}
```

如果 *X* 轴积木数变多了，则第 71～73 行只需要更新现有积木的坐标即可。将其整体移到屏幕中间。如果 *X* 轴积木数变少，则第 75～77 行将两边多出来的积木丢弃。这部分代码分别根据这两种情况计算了新旧的 *X* 坐标起始位置，然后通过一个二重循环进行重新赋值（第 80～91 行）。与屏幕旋转时的处理方式类似，第 93 行重新设置正在下落的积木组，等屏幕调整完成后让其再从顶部重新下落一次。

- **等待区布局**

等待区布局相对简单，相关函数如下。需要注意在等待区中显示 mBlockGrpNum 个积木组，在 setRect 中计算其位置时，有 n 个 BlockGrp 就有 n+1 个空隙。对于横屏模式，*X* 轴有一个积木组，*Y* 轴有 mBlockGrpNum 个；竖屏模式则刚好反过来。成员变量 mXOffset 和 mYOffset 用于确定第一个积木组的起始位置。代码如下。

```
public class WaitingArea {
    private int mBlockGrpNum = 0;
    private Rect mRect = new Rect();
    ……
    public WaitingArea(int blockGrpNum, Rect rect, boolean
      isScreenLandScape){
        mBlockGrpNum = blockGrpNum;
        setRect(rect, isScreenLandScape);
    }

    public void setBlockGrpNum(int num){
        if(num == mBlockGrpNum)
            return;

        if(num > mBlockGrpNum){
            for(BlockGrp bg : mBlockGrpList){
                bg.backToInitialState();
            }
            for(int i = 0; i < num - mBlockGrpNum; i++){
                mBlockGrpList.add(new BlockGrp());
            }
        }else{
            for(int i = 0; i < mBlockGrpNum - num ; i++){
                if(mBlockGrpList.size() > 0)
                    mBlockGrpList.remove(mBlockGrpList.size()-1);
```

```
            }
            for(BlockGrp bg : mBlockGrpList){
                bg.backToInitialState();
            }
        }

        mBlockGrpNum = num;
    }

    public void setRect(Rect rect, boolean isScreenLandScape){
        mRect.set(rect);
        int blockSize = Block.getSmallBlockSize();

        //n 个 BlockGrp 就有 n+1 个空隙
        if(isScreenLandScape){
            mXOffset=mRect.left+(mRect.width()-(3*blockSize))/(1+1);
            mYOffset = mRect.top + (mRect.height() -
                    (mBlockGrpNum*3*blockSize))/(mBlockGrpNum+1);
        }else{
            mXOffset = mRect.left + (mRect.width() -
                    (mBlockGrpNum * 3*blockSize))/(mBlockGrpNum+1);
            mYOffset=mRect.top+(mRect.height()-(3*blockSize))/(1+1);
        }
    }
}
```

● **积木图像资源加载**

积木的图像资源放在 res\drawable 目录下，共设计了五种形状：五边形、圆形、三角形、六边形、正方形。每种形状包含五种颜色：红、黄、蓝、绿、紫。在系统初始化、屏幕旋转、玩家更改长短边积木数等情况下，都会进入 GameView 的 updateAreaInfo 方法，该方法进一步调用 Block.loadBitMap 加载积木图像资源。

```
static public boolean loadBitMap(Resources r, int blockSize)
{
    if(blockSize <= 0)
        blockSize = 1;
```

```
if(blockSize == sBlockSize)
    return true; //已经 load 过了

sBlockSize = blockSize;
sSmallSize = sBlockSize*9 /10;

if(sBlockSize <= 0)
    sBlockSize = 1;

if(sSmallSize <= 0)
    sSmallSize = 1;

sBitMapArray = new Bitmap[sColorNum][sShapeNum];
sSmallBlockBitMapArray = new Bitmap[sColorNum][sShapeNum];
doLoadBitMap(0, 0, r.getDrawable(R.drawable.red_0));
doLoadBitMap(1, 0, r.getDrawable(R.drawable.yellow_0));
doLoadBitMap(2, 0, r.getDrawable(R.drawable.green_0));
doLoadBitMap(3, 0, r.getDrawable(R.drawable.blue_0));
doLoadBitMap(4, 0, r.getDrawable(R.drawable.purple_0));

doLoadBitMap(0, 1, r.getDrawable(R.drawable.red_1));
doLoadBitMap(1, 1, r.getDrawable(R.drawable.yellow_1));
doLoadBitMap(2, 1, r.getDrawable(R.drawable.green_1));
doLoadBitMap(3, 1, r.getDrawable(R.drawable.blue_1));
doLoadBitMap(4, 1, r.getDrawable(R.drawable.purple_1));

doLoadBitMap(0, 2, r.getDrawable(R.drawable.red_2));
doLoadBitMap(1, 2, r.getDrawable(R.drawable.yellow_2));
doLoadBitMap(2, 2, r.getDrawable(R.drawable.green_2));
doLoadBitMap(3, 2, r.getDrawable(R.drawable.blue_2));
doLoadBitMap(4, 2, r.getDrawable(R.drawable.purple_2));

doLoadBitMap(0, 3, r.getDrawable(R.drawable.red_3));
doLoadBitMap(1, 3, r.getDrawable(R.drawable.yellow_3));
doLoadBitMap(2, 3, r.getDrawable(R.drawable.green_3));
doLoadBitMap(3, 3, r.getDrawable(R.drawable.blue_3));
doLoadBitMap(4, 3, r.getDrawable(R.drawable.purple_3));
```

```
    doLoadBitMap(0, 4, r.getDrawable(R.drawable.red_4));
    doLoadBitMap(1, 4, r.getDrawable(R.drawable.yellow_4));
    doLoadBitMap(2, 4, r.getDrawable(R.drawable.green_4));
    doLoadBitMap(3, 4, r.getDrawable(R.drawable.blue_4));
    doLoadBitMap(4, 4, r.getDrawable(R.drawable.purple_4));

    ……
}
```

该函数首先更新积木大小 sBlockSize。sSmallSize 的大小为正常大小的 9/10，用于显示等待区中的积木，等待区中的积木看上去比游戏区中的稍小一号，然后通过 doLoadBitMap 加载单个资源。代码如下。

```
static private void doLoadBitMap(int color, int shape, Drawable tile)
{
    Bitmap bitmap = Bitmap.createBitmap(sBlockSize, sBlockSize,
                                 Bitmap.Config.ARGB_8888);
    Canvas canvas = new Canvas(bitmap);
    tile.setBounds(0, 0, sBlockSize, sBlockSize);
    tile.draw(canvas);

    sBitMapArray[color][shape] = bitmap;

    bitmap = Bitmap.createBitmap(sSmallSize, sSmallSize, Bitmap.
      Config.ARGB_8888);
    canvas = new Canvas(bitmap);
    tile.setBounds(0, 0, sSmallSize, sSmallSize);
    tile.draw(canvas);

    sSmallBlockBitMapArray[color][shape] = bitmap;
}
```

此外对于每一种颜色的积木都设计了一组爆炸效果，用于显示消除积木时其消失的过程。这些图像资源也需要加载，见 loadBitMap 的后半部分，代码如下。

```
static public boolean loadBitMap(Resources r, int blockSize)
{
    ……
```

```
//创建爆炸效果 bitmap
mExplode = new Bitmap[sColorNum][3];
mExplode[0][0]=doLoadOneBitMap(r.getDrawable(R.drawable.explode_
  red_1));
mExplode[0][1]=doLoadOneBitMap(r.getDrawable(R.drawable.explode_
  red_2));
mExplode[0][2]=doLoadOneBitMap(r.getDrawable(R.drawable.explode_
  red_3));

mExplode[1][0]=doLoadOneBitMap(r.getDrawable(R.drawable.explode_
  yellow_1));
mExplode[1][1]=doLoadOneBitMap(r.getDrawable(R.drawable.explode_
  yellow_2));
mExplode[1][2]=doLoadOneBitMap(r.getDrawable(R.drawable.explode_
  yellow_3));

mExplode[2][0]=doLoadOneBitMap(r.getDrawable(R.drawable.explode_
  green_1));
mExplode[2][1]=doLoadOneBitMap(r.getDrawable(R.drawable.explode_
  green_2));
mExplode[2][2]=doLoadOneBitMap(r.getDrawable(R.drawable.explode_
  green_3));

mExplode[3][0]=doLoadOneBitMap(r.getDrawable(R.drawable.explode_
  blue_1));
mExplode[3][1]=doLoadOneBitMap(r.getDrawable(R.drawable.explode_
  blue_2));
mExplode[3][2]=doLoadOneBitMap(r.getDrawable(R.drawable.explode_
  blue_3));

mExplode[4][0]=doLoadOneBitMap(r.getDrawable(R.drawable.explode_
  purple_1));
mExplode[4][1]=doLoadOneBitMap(r.getDrawable(R.drawable.explode_
  purple_2));
mExplode[4][2]=doLoadOneBitMap(r.getDrawable(R.drawable.explode_
  purple_3));
```

```
    return true;
}
```

● **动画效果**

所有图像的绘制由 GameView 的 onDraw 方法完成。代码如下。

```
public class GameView extends View implements AreaCallback {
    ……
    @Override
    public void onDraw(Canvas canvas) {
        super.onDraw(canvas);

        if(mState == Util.State.READY){
            mStatusText.setVisibility(View.INVISIBLE);
            drawStartPicture(canvas, mPaint);
            return;
        }

        mGameArea.draw(canvas, mPaint);
        drawNextBlocks(canvas, mPaint);
    }
}
```

Android 框架会传入一个画布参数 canvas，所有图像的绘制工作都依赖于该参数。首先如果当前是 READY 状态，即游戏首次启动，则仅绘制一个欢迎界面，如图 6-10 所示。

按**菜单**键开始

图 6-10 欢迎界面

drawStartPicture 代码如下。

```
private void drawStartPicture(Canvas canvas, Paint paint){
    final int xSize = Math.min(mXScreenSize, mYScreenSize)*3 / 5;
    final int ySize = xSize/3;
```

```
    if(sStartPicture == null){
        Drawable rsc = getResources().getDrawable(R.drawable. start);
        sStartPicture = Bitmap.createBitmap(xSize, ySize, Bitmap.
         Config.ARGB_8888);
        Canvas c = new Canvas(sStartPicture);
        rsc.setBounds(0, 0, xSize, ySize);
        rsc.draw(c);
    }

    canvas.drawBitmap(sStartPicture,
            mXScreenSize/2 - xSize/2,
            mYScreenSize/2 - ySize/2,
            paint);
}
```

否则，说明游戏已经启动。则分别绘制 GameArea（游戏区）和 WaitingArea（等待区）。GameArea 的 draw 方法负责绘制游戏区的内容。代码如下。

```
public void draw(Canvas canvas, Paint paint){
    canvas.drawLine(mFrameLeft,mFrameTop,mFrameRight, mFrameTop,
     mLinePaint);
    canvas.drawLine(mFrameRight, mFrameTop, mFrameRight, mFrameBottom,
     mLinePaint);
    canvas.drawLine(mFrameRight, mFrameBottom,mFrameLeft,mFrameBottom,
     mLinePaint);
    canvas.drawLine(mFrameLeft, mFrameBottom, mFrameLeft, mFrameTop,
     mLinePaint);

    if(mBlockGrp != null){
        mBlockGrp.draw(canvas, paint, mRect.left, mRect.top);
    }

    for(int x = 0; x < mXBlockCount; x++){
        for(int y = mYBlockCount-1; y >= 0 ; y--){
            if(mBlocks[x][y] != null){
                Block.DrawResult dr=mBlocks[x][y].draw(canvas,paint,
                                        mRect.left, mRect.top);
                if(dr == Block.DrawResult.explodeFinished){
```

```
                    blockExplodeFinished(mBlocks[x][y].getX(),
                                        mBlocks[x][y].getY());
                }else if(dr == Block.DrawResult.moveFinished){
                    blockMoveFinished();
                }else if(dr == Block.DrawResult.beginMove){
                    moveBlockTo(x, y, mBlocks[x][y]);
                }
            }
        }
    }
}
```

首先绘制游戏区四周的边框，边框的坐标及画笔参数在初始化时已经准备好，此处直接使用这些参数画四条线段即可。其次如果 mBlockGrp 不为空，即说明游戏区中有正在下落的积木组，则调用 BlockGrp 的 draw 方法进行积木组的绘制。最后则绘制游戏区中已有的积木，通过 Block 的 draw 方法进行绘制。而 BlockGrp 的 draw 方法也是分别调用各 Block 的 draw 方法。代码如下。

```
public class BlockGrp {
    ……
    public void draw(Canvas canvas, Paint paint, int xOffset, int
      yOffset){
        for(Block d : mBlockList){
            d.draw(canvas, paint, xOffset, yOffset);
        }
    }
}
```

因此下面着重介绍 Block 的 draw 方法。代码如下。

```
public class Block {
    ……
    public DrawResult draw(Canvas canvas,Paint paint,int xOffset,
      int yOffset)
    {
        if(mDying > 0){
            return drawExplode(canvas, paint, xOffset, yOffset);
```

```
        }
        ……
    }
}
```

对于每一块积木，除了正常状态（即停留在游戏区的某个位置）外，还有两种动画效果：一个是积木消除时的爆炸效果(变成一些四散的碎片)；另一个是自由落体效果(下方的积木消除后上方的积木落入空白区域)。这些效果都是通过原生的 bitmap 绘制方法实现的。

Block 有个 mDying 标志位，当该积木需要消除时，mDying 会置为 1。在 draw 方法中，如果 mDying 大于 0 就调用 drawExplode 绘制爆炸效果。

```
private DrawResult drawExplode(Canvas canvas, Paint paint, int
 xOffset, int yOffset){
    if(mDying <= mExplode[0].length){
        canvas.drawBitmap(mExplode[mColor][mDying-1],
            xOffset + mX * sBlockSize,
            yOffset + mY * sBlockSize,
            paint);
        mDying++;
        return DrawResult.normal;
    }else{
        return DrawResult.explodeFinished;
    }
}
```

drawExplode 中实际上是依次绘制图 6-11 所示的 3 幅图片，以达到动画的效果。

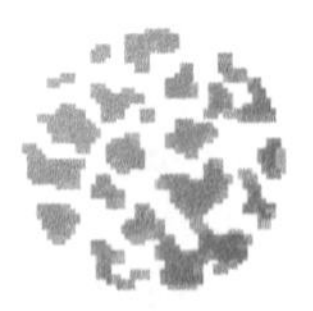

图 6-11　构成爆炸效果的图片

第一次进入 drawExplode 方法时，mDying 为 1，此时调用 drawBitmap 会绘制第 1 幅图片，然后 mDying++。紧接着 Android 框架会再次回调

GameView 的 onDraw 方法，然后再次进入 drawExplode 时绘制第 2 幅图片。然后重复上述流程，第 3 次进入 drawExplode 时绘制第 3 幅图片。待第 4 次进入 drawExplode 时会进入 else 分支，不进行任何绘制，返回 DrawResult.explodeFinished 状态。通过这样快速地“逐帧”绘制多幅图片，达到动画的效果。

下面再回到 Block 的 draw 方法，说明自由落体效果的实现方法。代码如下。

```
    public DrawResult draw(Canvas canvas,Paint paint,int xOffset,
     int yOffset)
    {
    ……
    DrawResult dr = DrawResult.normal;
    if(mDestinationY > 0){
        mCurrentY += 0.2 * Math.pow(mDropStep, 2);
        mDropStep++;
        if(mCurrentY >= mDestinationY){
            mDestinationY = -1;
            mDropStep = 0;
            dr = DrawResult.moveFinished;
        }
    }

    float fY = mDestinationY > 0 ? mCurrentY : mY;
    canvas.drawBitmap(sBitMapArray[mColor][mShape],
        xOffset + mX * sBlockSize,
        yOffset + fY * sBlockSize,
        paint);

    if( !mDropFinished){
        mY = mDestinationY;
        mDropFinished = true;
        dr = DrawResult.beginMove; //和 moveFinished 是互斥的
    }
    return dr;
}
```

当某块积木需要下落时，mDestinationY 会被设置为其最终会落到的 *Y* 坐标位置，此时会进入第 284 行的 if 分支，通过第 285 行计算本次积木需要绘制的 Y 坐标 mCurrentY。计算方法为 mDropStep 的平方乘以一个系数（该系数相当于加速度，这里设为 0.2 仅仅是一个经验值），mDropStep 初始值为 0，以后每次+1。该公式相当于物理学公式：$S=1/2at^2$，其中 S 为距离、a 加速度、t 为时间。然后经过若干次下落后，mCurrentY 会达到或超过 mDestinationY 的值，会进入第 287 行的 if 分支，通过第 288～290 行的设置，并返回 DrawResult.moveFinished 状态，表示本次下落已结束。第 294 行根据 mDestinationY 的值判断是绘制正在下落的积木还是普通积木。第 300～304 行判断如果是首次进行下落的积木的绘制，则返回 DrawResult. beginMove 状态，供 GameArea 将积木移动到新的位置。

至此 GameArea 的 draw 方法流程处理完毕。我们再回到 GameView 的 onDraw 方法中，继续处理 WaitingArea 中的积木绘制。在 onDraw 方法中会继续调用 drawNextBlocks 方法。代码如下。

```
private void drawNextBlocks(Canvas canvas, Paint paint){
    if(mState == Util.State.READY)
        return;

    if(mWaitingArea != null)
        mWaitingArea.draw(canvas, paint, isScreenLandScape());
}
```

其主要部分是继续调用 WaitingArea 的 draw 方法。代码如下。

```
public class WaitingArea {
    ……
    public void draw(Canvas canvas,Paint paint,boolean isScreenLandScape){
        int xOffset = mXOffset;
        int yOffset = mYOffset;
        int blockSize = Block.getSmallBlockSize();
        int rollingStep = blockSize*2 / 3;

        if( mIsRolling && mRollingOffset > blockSize * 3){
```

```
            stopRolling();
            rollingStep = 0;
        }

        if(isScreenLandScape){
            for(BlockGrp bg : mBlockGrpList){
                bg.drawSmallSize(canvas, paint, xOffset, yOffset -
                  mRollingOffset);
                yOffset += (blockSize*3+mYOffset);
            }
        }else{
            xOffset = mRect.right - mXOffset - blockSize * 3;
            for(BlockGrp bg : mBlockGrpList){
                bg.drawSmallSize(canvas, paint, xOffset + mRollingOffset,
                  yOffset);
                xOffset -= (blockSize*3+mXOffset);
            }
        }

        if(mIsRolling)
            mRollingOffset += rollingStep;
    }
}
```

WaitingArea 中的积木除了绘制普通的固定位置外，在上一个积木组全部落入游戏区后，还需要绘制积木组的滑动效果。绘制的方法与积木自由落体的绘制方法类似，也是采用“逐帧”绘制的方法。对于横屏模式，积木组是从下往上滑动；对于竖屏模式，积木组是从左往右滑动。每次移动一定的偏移量（yOffset 或 xOffset）。此外在绘制时调用 BlockGrp 的 drawSmallSize 绘制小一号的积木。

界面重绘 onDraw 流程的时序图，如图 6-12 所示。

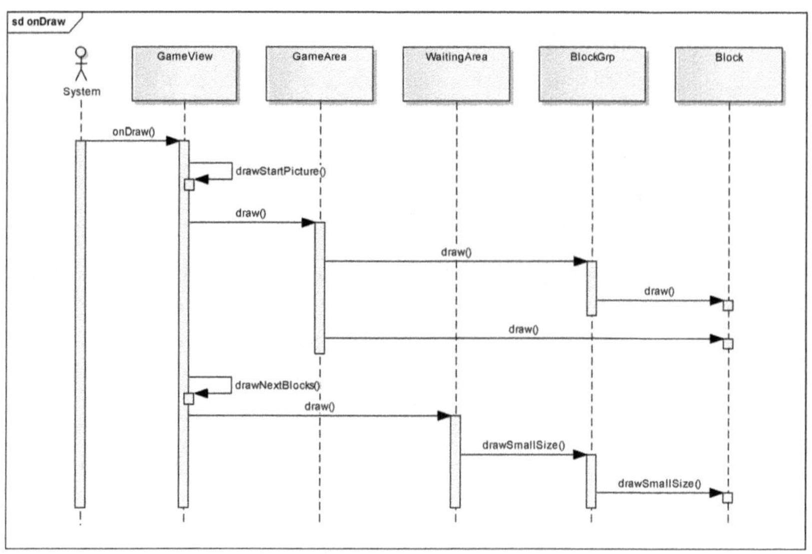

图 6-12　onDraw 流程的时序图

- **游戏操作**

玩家通过触屏操作游戏。游戏进行时，玩家单击积木组左边的区域则其向左边移动一格；单击右边区域则向右移动一格。在屏幕上顺时针滑动一次，则积木组顺时针转动一次；逆时针滑动一次则积木组逆时针转动一次。水平滑动一次（从左至右或从右至左均可），则积木组水平翻转一次；上下滑动一次则积木组上下翻转一次，如图 6-13 所示。

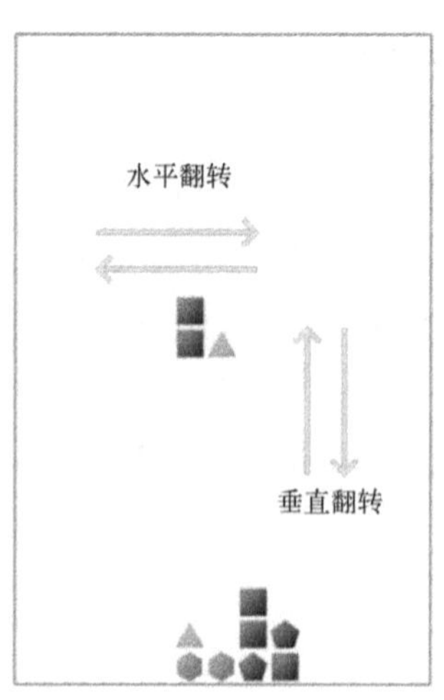

图 6-13　触屏操作示意图

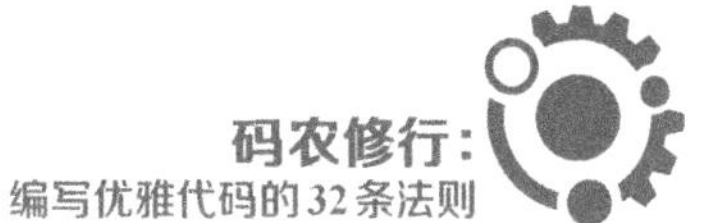

这些操作在 VarietyBubble 的 onTouchEvent 中实现。代码如下。

```
@Override
public boolean onTouchEvent(MotionEvent event) {
//hit 的误差
final int hitError = 2 * mGame.getShortSize() / Util.OptDft.
    BLOCK_NUM_ON_SHORT_LINE;

if(mGame.getState() == Util.State.RUNNING){
    BlockGrp.Point dropping;

    int action = event.getAction();
    switch(action){
    case MotionEvent.ACTION_DOWN:
        if(mDownX > 0 || mDownY > 0)
            break; //不支持多点触摸
        mDownX = (int)event.getX();
        mDownY = (int)event.getY();

        dropping = mGame.getDroppingGrpPosition();
        if(dropping == null)
            break;
        if(mDownY >= dropping.y && Math.abs(mDownX - dropping.x) <
          hitError){
            mGame.setModeDelay(100);
        }
        break;
    case MotionEvent.ACTION_UP:
        mGame.setModeDelay(1000);
        if(mDownX > 0 && mDownY > 0){
            onTouchUp(event, hitError);
        }else{
            Util.Loge("invalid up event");
        }
        mDownX=mDownY=mMoveX1=mMoveY1=mMoveX2=mMoveY2=-1;
        mRevolve = false;
        break;
    case MotionEvent.ACTION_MOVE:
        mMoveX1 = mMoveX2;
```

```
            mMoveY1 = mMoveY2;
            mMoveX2 = (int)event.getX();
            mMoveY2 = (int)event.getY();
            if( ! mRevolve && mDownX > 0 && mDownY > 0){
                if((Math.abs(mDownX - mMoveX2) > hitError) &&
                        (Math.abs(mDownY - mMoveY2) > hitError))
                    mRevolve = true;
            }

            break;
        }
    }
    ……
}
```

游戏处于 RUNNING 状态时，处理了 3 个事件，如下所示。

```
MotionEvent.ACTION_DOWN —— 手指按下
MotionEvent.ACTION_UP —— 手指抬起
MotionEvent.ACTION_MOVE —— 手指在屏幕上移动
```

处理策略如下，对于单击操作，onTouchEvent 会被调用两次，并连续收到两个事件：DOWN 和 UP。当收到 DOWN 事件时，记录第一个屏幕坐标(mDownX, mDownY)。当收到 UP 事件时，记录手指抬起时的屏幕坐标(x,y)。由于是手指的操作，即使是用手指在同一个位置按下并抬起，(mDownX,mDownY)和(x,y)并不会完全相等。因此在 onTouchEvent 一开始就根据屏幕的短边长度计算了一个误差允许值 hitError。如果(mDownX, mDownY)和(x,y)的坐标距离在误差允许范围内，则认为是同一点，否则认为手指有滑动。见下面的 onTouchUp 方法。

```
private void onTouchUp(MotionEvent event, int hitError){
    int x, y;
    BlockGrp.Point dropping;
    x = (int)event.getX();
    y = (int)event.getY();

    if(Math.abs(x - mDownX) < hitError && Math.abs(y - mDownY) <
      hitError){
```

```
183         dropping = mGame.getDroppingGrpPosition();
184         if(dropping == null)
185             return;
186 
187         if(y >= dropping.y && Math.abs(x - dropping.x) < hitError/2){
188             mGame.keyDown(KeyEvent.KEYCODE_DPAD_DOWN);
189         }else{
190             if(x < dropping.x){
191                 mGame.keyDown(KeyEvent.KEYCODE_DPAD_LEFT);
192             }else if(x > dropping.x){
193                 mGame.keyDown(KeyEvent.KEYCODE_DPAD_RIGHT);
194             }
195         }
196     }else{
197         int xoffset = Math.abs(x - mDownX);
198         int yoffset = Math.abs(y - mDownY);
199 
200         if( !mRevolve && xoffset < hitError && yoffset > hitError){
201             mGame.keyDown(KeyEvent.KEYCODE_V); //垂直翻转
202         }else if(!mRevolve && xoffset>hitError && yoffset<hitError){
203             mGame.keyDown(KeyEvent.KEYCODE_H); //水平翻转
204         }else if(mRevolve && mMoveX1 > 0 && mMoveY1 > 0){
205             if(Util.calcAlpha(mDownX, mDownY, x, y) >=
206                 Util.calcAlpha(mDownX, mDownY, mMoveX1, mMoveY1)){
207                 mGame.keyDown(KeyEvent.KEYCODE_C); //顺时针
208             }else{
209                 mGame.keyDown(KeyEvent.KEYCODE_A); //逆时针
210             }
211         }
212     }
213 }
```

对于滑动操作（旋转或平移），onTouchEvent 会被调用多次，依次为 1 次 DOWN，若干次 MOVE，1 次 UP。在 onTouchEvent 的 MOVE 事件处理流程中（第 250～261 行），会依次记录最近产生的两个坐标点(mMoveX2, mMoveY2)和(mMoveX1, mMoveY1)。同时计算(mMoveX2, mMoveY2)和(mDownX, mDownY)之间的值如果超过误差范围了，那么认为是产生了旋转操作，第258行将mRevolve标志置为true。因为如果是水平滑动，则Y坐标的偏差不会太大。如果是竖直滑动，则X坐标的偏差不会太大。如果两个方向的偏差都太大，满足了第256和第257行的判断条件，则认为是发生了旋转操作。在onTouchUp中的第200～211行就根据mRevolve标志和新旧坐标的比较来判断玩家是进行了哪一种操作，然后调用相应的函数进行处理。

判断旋转操作的策略如图6-14所示。选择弧线轨迹上的3个点(x0, y0)、(x1, y1)、(x2, y2)。计算(x1, y1)到(x0, y0)的连线与X轴的夹角α_1，(x2, y2)到(x0, y0)的连线与X轴的夹角α_2。如果α_2比α_1大则是顺时针旋转；如果α_2比α_1小则是逆时针旋转。

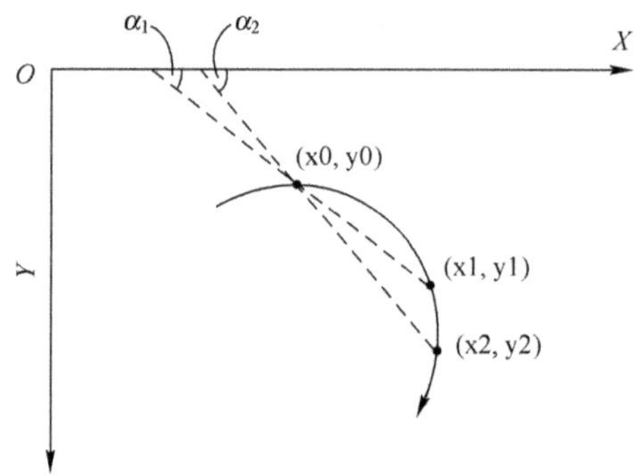

图6-14　判断旋转操作的策略

夹角的计算方法如下。

```
public static double calcAlpha( double x0,  double y0, double x1,
  double y1) {
    double alpha;

    if(x1 > x0){
        double tmp = (y1-y0)/(x1-x0);
        if(y1 >= y0)
            alpha = Math.atan(tmp);
        else
            alpha = 2*Math.PI + Math.atan(tmp);
    }else if(x1 == x0){
        if(y1 >= y0)
            alpha = Math.PI / 2;
        else
```

```
        alpha = 3*Math.PI / 2;
    }else{
        double tmp = (y1-y0)/(x1-x0);
        alpha = Math.PI + Math.atan(tmp);
    }

    return alpha;
}
```

此外，代码中各项操作都是调用了 GameArea 的 keyDown 方法进行处理，读者对这个函数名可能会有疑惑。因为这个游戏写于 2009 年，当时我的第一代 Milestone 手机支持键盘功能，将屏幕向上方滑开后，有键盘可以进行操作，如图 6-15 所示。

图 6-15　Milestone 手机

● **游戏过程**

系统设计了几种状态，定义在 Util 类中，代码如下。

```
//状态
public class State{
    public static final int PAUSE = 0;
    public static final int READY = 1;
    public static final int RUNNING = 2;
    public static final int LOSE = 3;
    public static final int DESTROYING = 4;
    public static final int FALLING = 5;
```

```
    public static final int ROLLING = 6;
};
```

前 4 种用于表示程序运行中的常态，PAUSE 表示程序暂停；READY 是程序安装后首次运行；RUNNING 表示游戏正在进行当中；LOSE 表示游戏已经结束。后 3 种用于绘制动画效果，可以理解为临时状态。DESTROYING 表示有积木正在被消除，绘制爆炸效果；FALLING 用于绘制积木的下落过程；ROLLING 用于绘制等待区中的积木组的滑动效果。

GameView 中使用了一个 Handler，每次收到消息后 handleMessage 会被调用，处理完相关流程后再调用 sleep 给自己发一条延时消息。这个机制相当于实现了一个程序的“心跳”。默认是 1s 响应一次，相关代码如下。

```
public class GameView extends View implements AreaCallback {
    ……
    private long mMoveDelay = 1000;
    ……
    private RefreshHandler mRedrawHandler = new RefreshHandler();
    class RefreshHandler extends Handler {

        @Override
        public void handleMessage(Message msg) {
            GameView.this.update();
            GameView.this.invalidate();
        }

        public void sleep(long delayMillis) {
            this.removeMessages(0);
            sendMessageDelayed(obtainMessage(0), delayMillis);
        }
    };
}
```

handleMessage 会调用 GameView 的 update 方法。update 中针对不同的状态进行不同的处理，先看 RUNNING 状态。图 6-16 所示为其时序图。

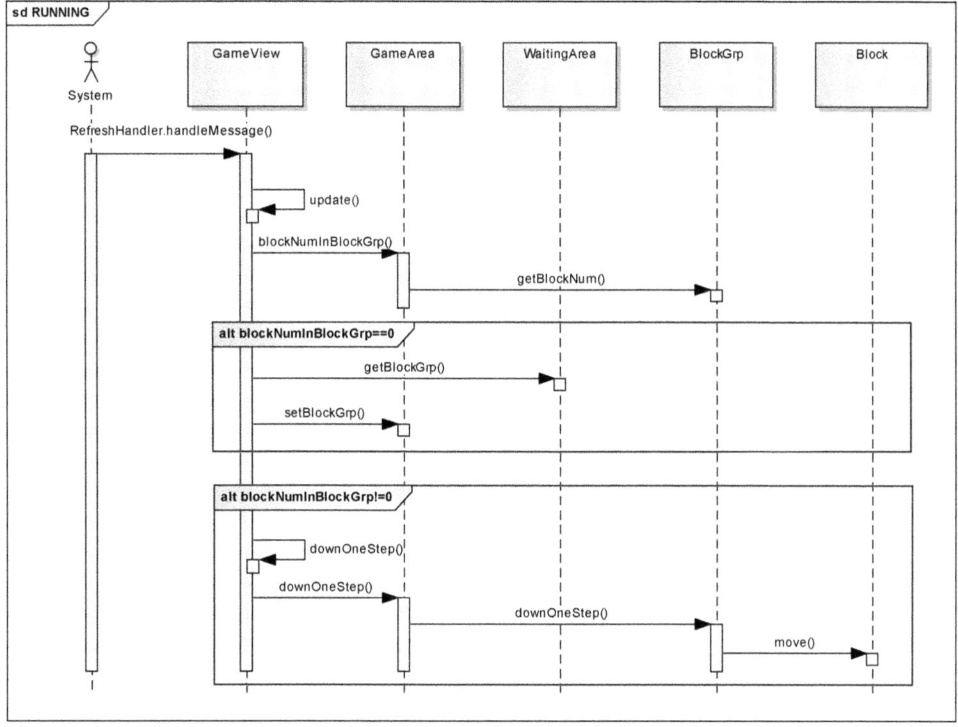

图 6-16　RUNNING 状态时序图

```
protected void update(){
    if (mState == Util.State.RUNNING) {
        long now = System.currentTimeMillis();

        if (now - mLastMove > mMoveDelay) {
            if(mGameArea.blockNumInBlockGrp() == 0){
            ……
            }else {
                if( ! mStopDown)
                    downOneStep();
                mSound.play(Sound.SND_TICK);
            }
            mLastMove = now;
        }
        mRedrawHandler.sleep(mMoveDelay);
    }
```

```
    … …
}
```

先看第 439～441 行的 else 分支，如果玩家不做操作，游戏区中的积木组每 1s 会下降一格，同时播放一个音效。下降动作由 downOneStep 方法实现，代码如下。

```
617 private int downOneStep(){
618     int oldBlockNum = mGameArea.blockNumInBlockGrp();
619     int curBlockNum = mGameArea.downOneStep();
620 
621     if(oldBlockNum > curBlockNum){
622         mSound.play(Sound.SND_TOUCH_GROUND);
623     }
624 
625     if(curBlockNum == 0){
626         nextState(Util.State.DESTROYING);
627     }
628     return curBlockNum;
629 }
```

由于下降过程中积木可能会停留在游戏区，因此首先记录下降前积木组中的积木数 oldBlockNum，调用 mGameArea.downOneStep 完成具体的下降工作后，会返回当前积木组中的积木数 curBlockNum。如果 oldBlockNum > curBlockNum，说明有积木留在了游戏区，第 622 行播放一个音效。如果下降后 curBlockNum 为 0，则进入 DESTROYING 状态，下一步要尝试消除一些积木。

积木组的下降动作最终由 BlockGrp 的 downOneStep 完成。代码如下。

```
public int downOneStep(){
    if(mNotify == null){
        Log.e("BlockGrp:downOneStep", "mFather is null");
        return 0;
    }

    int maxY = -1;
    int blockNum = mBlockList.size();

```

```
211     for(Block b : mBlockList){
212         if(b.getY() > maxY)
213             maxY = b.getY();
214     }
215
216     for(int y = maxY; y >=0; y--){
217         for(Block b : mBlockList){
218             if(b.getY() != y)
219                 continue;
220
221             if(!mNotify.isPositionEmpty(b.getX(),b.getY()+1)){
222                 mNotify.addBlock(b);
223                 mBlockList.remove(b);
224                 y++;
225                 break;//remove以后再遍历就不安全了，需要break后再来一遍
226             }else{
227                 b.move(0, 1);
228             }
229         }
230     }
231
232     if(blockNum > mBlockList.size()){
233         setCenterBlock();
234     }else{
235         mYCenter += 1.0;
236     }
237     return mBlockList.size();
238 }
```

第 211～214 行的 for 循环首先找出积木组中 *Y* 坐标最大的一个记录到 maxY 中，因为下降动作要从最下方的积木进行。第 216 行的 for 循环从 maxY 开始遍历。内层循环每次只处理第 y 行的积木（第 218～219 行）。第 221 行首先判断，如果该积木向下移动一格，在游戏区中是否有空位，注意其传入的第 2 个参数是积木的 *Y* 坐标+1。

如果没有空位，则当前积木需要停留在现在位置，第 222 行将该积木加入到 GameArea 中，第 223 行将其从 mBlockList 中移出。有积木被移出

后再遍历 mBlockList 就不安全了，因此第 225 行将 break 再重新遍历一遍第 y 行。同时 break 前第 224 行需要将 y++，因为第 y 行可能有多个积木，需要处理该行的下一个积木。如果有空位就由第 227 行移动该积木的坐标。

第 232 行判断，如果 blockNum > mBlockList.size()说明积木组中的积木数量发生过变化，则调用 setCenterBlock 重新计算积木组中心点的坐标。如果没变化则通过第 235 行简单地将中心点 *Y* 坐标+1 即可。最后第 237 行返回当前积木组中的积木数量。

下面再回到 GameView 的 update 方法中看第 430～438 行的 if 分支。代码如下。

```
425 protected void update(){
426     if (mState == Util.State.RUNNING) {
427         long now = System.currentTimeMillis();
428
429         if (now - mLastMove > mMoveDelay) {
430             if(mGameArea.blockNumInBlockGrp() == 0){
431                 setModeDelay(1000);
432                 BlockGrp bg = getBlockGrp();
433                 if( ! mGameArea.setBlockGrp(bg)){
434                     nextState(Util.State.LOSE);
435                     mSound.play(Sound.SND_LOSE);
436                     return;
437                 }
438             }else {
    ……
  }
```

如果积木组中的积木数量为 0，则需要往游戏区中放入一个新的积木组。首先通过第 432 行获取一个新的 BlockGrp，然后通过第 433 行调用 setBlockGrp 将其放入 GameArea 中。如果游戏区中的积木已经垒到了游戏区的顶部，则无法再放入一个积木组了，setBlockGrp 会返回 false。此时就进入 LOSE 状态（第 434 行）表示游戏结束，并播放一个游戏失败的音效（第 435 行）。

上面提到当有积木落入游戏区后，就将状态置为 DESTROYING，以尝试消除一部分积木。这一工作由 update 方法中的 DESTROYING 分支完成。

图 6-17 所示为其时序图。

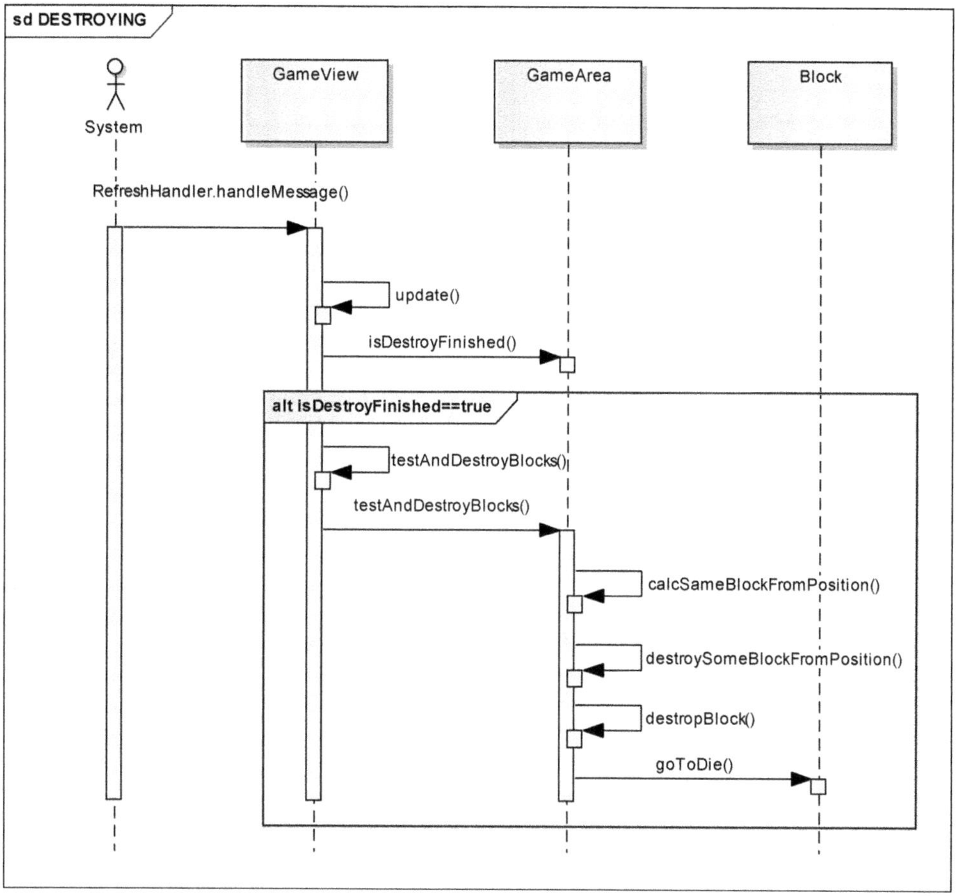

sd DESTROYING
System
GameView
GameArea
Block
RefreshHandler.handleMessage()
update()
isDestroyFinished()
alt isDestroyFinished==true
testAndDestroyBlocks()
testAndDestroyBlocks()
calcSameBlockFromPosition()
destroySomeBlockFromPosition()
destropBlock()
goToDie()

图 6-17　DESTROYING 状态时序图

```
protected void update(){
    … …
    if (mState == Util.State.DESTROYING){
        long now = System.currentTimeMillis();
        if (now - mLastMove > mFallingDelay) {
            if( ! mGameArea.isDestroyFinished())
                invalidate();
            else if( ! testAndDestroyBlocks()){
                nextState(Util.State.RUNNING);
            }
```

```
486             mLastMove = now;
487         }
488         mRedrawHandler.sleep(mFallingDelay);
489     }
    ……
}
```

第 481 行判断如果消除积木的动画还未播放完成，就由第 482 行将界面区域设为 invalidate，触发系统回调 GameView 的 onDraw 方法进行绘图。否则就调用 testAndDestroyBlocks 尝试消除一些积木。如果有积木被消除，该方法返回 true，如果没有则返回 false。第 484 行将状态设为 RUNNING 继续游戏。

尝试消除积木的功能由 GameView 的 testAndDestroyBlocks 方法实现。代码如下。

```
717 public boolean testAndDestroyBlocks(){
718     if(mGameArea.testAndDestroyBlocks(mDestroyMode,
          mMinBlockNumToDestry) > 0){
719         mDestroyedBlock = true;
720         return true;
721     }
722     if(mDestroyedBlock){
723         nextState(Util.State.FALLING);
724     }
725
726     return mDestroyedBlock;
727 }
```

其返回被消除的积木个数。如果有积木被消除，第 719 行仅设置一个标记就在第 720 行返回了，因为每次调用 testAndDestroyBlocks 仅消除一组积木，如果存在有多组积木可以被消除，将等到下一轮再次进入 update 的 DESTROYING 分支进行处理。在这个过程中 onDraw 处理流程还会绘制积木消除的爆炸效果。如果经过若干轮尝试后，没有积木可以消除了，则会执行第 723 行进入 FALLING 状态，绘制积木自由下落的效果。

尝试消除积木的具体工作由 GameArea 的 testAndDestroyBlocks 方法完成，代码如下。

```
public int testAndDestroyBlocks(int destroyMode,int minBlockNumToDestry){
343 int destroyedBlockNum = 0;
344
345 for(int x = 0; x < mXBlockCount; x++){
346     for(int y = 0; y < mYBlockCount; y++){
347         if(mBlocks[x][y] == null)
348             continue;
349         clearBlockTouchFlag();
350         int sameBlockNum = calcSameBlockFromPosition(x,y,
              destroyMode,mBlocks[x][y]);
351         if(sameBlockNum >= minBlockNumToDestry){
352             clearBlockTouchFlag();
353             destroySomeBlockFromPosition(x,y,destroyMode,
                  mBlocks[x][y]);
354             mNotify.updateScore(sameBlockNum, destroyMode);
355             destroyedBlockNum += sameBlockNum;
356             mDestroyBlockNum = destroyedBlockNum;
357             mDestroyFinished = false;
358             return destroyedBlockNum;
359         }
360     }
361 }
362
363 return destroyedBlockNum;
}
```

其内部遍历所有积木（第345～346行），从每一个积木开始计算与其相邻且属性相同的积木个数（第350行调用calcSameBlockFromPosition），如果该数量达到配置的最低消除数，则调用destroySomeBlockFromPosition进行消除（第353行），然后由第354～358行计算相应的积分并更新。这里用到如下两个递归算法。

```
//递归1
private int destroySomeBlockFromPosition(int x, int y, int
  destroyMode,Block originalBlock){
    int blockNum = 0;
    if( ! isPositionValid(x,y))
        return 0;
```

```
    mBlockTouched[x][y] = true;
    if( ! isBlockSame(mBlocks[x][y], originalBlock, destroyMode))
        return 0;

    blockNum += destroySomeBlockFromPosition(x+1, y, destroyMode,
      originalBlock);
    blockNum += destroySomeBlockFromPosition(x-1, y, destroyMode,
      originalBlock);
    blockNum += destroySomeBlockFromPosition(x, y+1, destroyMode,
      originalBlock);
    blockNum += destroySomeBlockFromPosition(x, y-1, destroyMode,
      originalBlock);

    destropBlock(x, y);
    return blockNum+1;
}
//递归 2
private int calcSameBlockFromPosition(int x, int y, int
  destroyMode,Block originalBlock){
    int blockNum = 0;
    if( ! isPositionValid(x,y))
        return 0;

    mBlockTouched[x][y] = true;
    if( ! isBlockSame(mBlocks[x][y], originalBlock, destroyMode))
        return 0;

    blockNum += calcSameBlockFromPosition(x+1, y, destroyMode,
      originalBlock);
    blockNum += calcSameBlockFromPosition(x-1, y, destroyMode,
      originalBlock);
    blockNum += calcSameBlockFromPosition(x, y+1, destroyMode,
      originalBlock);
    blockNum += calcSameBlockFromPosition(x, y-1, destroyMode,
      originalBlock);

    return blockNum+1;
```

```
}
```

destroySomeBlockFromPosition 和 calcSameBlockFromPosition 都是从当前积木的坐标(x,y)开始，分别往右、左、下、上方向前进进行统计。

下面再看 update 方法中针对 FALLING 状态的处理。代码如下。

```
protected void update(){
    ……
    if (mState == Util.State.FALLING){
        long now = System.currentTimeMillis();
        if (now - mLastMove > mFallingDelay) {
            if( ! mGameArea.dropToFillEmptyPosition()
                && mGameArea.isDroppingFinished()
                && mGameArea.isDestroyFinished()){
                nextState(Util.State.DESTROYING);
            }
            else{
                invalidate();
            }
            mLastMove = now;
        }
        mRedrawHandler.sleep(mFallingDelay);
    }
    ……
}
```

当有积木被消除后，上方的积木需要落入空白的区域。这一动作由 GameArea 的 dropToFillEmptyPosition 方法完成。代码如下。

```
public boolean dropToFillEmptyPosition(){
    if( ! mDestroyFinished)
        return false;
    boolean dropped = false;
    for(int x = 0; x < mXBlockCount; x++){
        for(int y = 0; y < mYBlockCount; y++){
            if(mBlocks[x][y] != null){
                if(isPositionEmpty(x, y+1)){
                    int destY = getDestY(x, y+1);
                    if (mBlocks[x][y].dropTo(destY - y))
```

```
                        mDroppingBlockNum++;  //避免重复计算，dropTo
                                              //返回成功才计算
                    dropped = true;
                }
            }
        }
    }
    return dropped;
}
```

该算法是查找某个积木在 *Y* 轴方向是否有空白区域，然后将其移动到最下方的一个空位上。在 Block 的 dropTo 方法中只是将其 mDestinationY 进行设置，至于动画效果是在前面的 draw 方法中完成。

再回到 update 方法中的 ROLLING 状态处理分支，该处理比较简单，仅仅是判断 WaitingArea 中的 ROOLING 标志是否完成，如果完成了就进入 RUNNING 状态继续游戏，如果未完成就调用 invalidate 触发界面重绘（回调 onDraw 方法），相关代码如下。

```
protected void update(){
    ……
    if (mState == Util.State.ROLLING){
        long now = System.currentTimeMillis();
        if (now - mLastMove > mRollingDelay) {
            if( mWaitingArea.isRollingFinished()){
                nextState(Util.State.RUNNING);
            }
            else{
                invalidate();
            }
            mLastMove = now;
        }
        mRedrawHandler.sleep(mRollingDelay);
    }
}
```

- **数据存储**

玩家在进行游戏的过程中退出程序后，待下一次打开程序时，还可以继续之前的游戏进度。该功能是通过数据库存储实现的。出于可靠性考虑，系统使用了两个数据库。代码如下。

```
public class VarietyBubble extends Activity {
    ……
    public void onCreate(Bundle savedInstanceState) {
        ……
        mDb = new DBHelper(this, "info", null, 1);
        mDbBak = new DBHelper(this, "info_bak", null, 1);
        ……
    }
    ……
}
```

VarietyBubble 定义了两个数据库对象：一个主数据库（主库），一个备用数据库（备库）。对于嵌入式系统，这样的设计很有必要。因为数据库往往涉及多张表、多条记录。在保存数据的过程中，如果中途突然断电，则会造成数据库各张表中的数据不一致。因为表与表间存在某种逻辑关系，所有表都必须保存完成，整个数据库才是完整的。保存时依次保存两个数据库，见下面 saveGame 方法。

```
protected int saveGame(){
    saveGame(mDb);
    saveGame(mDbBak);
    return 0;
}
```

如果主库保存到一半突然断电，那么在下一次加载时主库会加载失败，因为主库已经不完整了，此时再从备库加载。加载代码如下。

```
public void onCreate(Bundle savedInstanceState) {
    ……
    if( mGame.loadRecords(mSp, mDb, mCryptor)){
        loadFromFirstDb = true;
    }else{
        loadFromFirstDb = false;
        mGame.loadRecords(mSp, mDbBak, mCryptor);
    }
```

```
    ……
}
```

这样的设计保证无论在什么情况下，主库和备库都至少有一个库中的数据是完整的。

● **多语言支持**

Android 框架提供了很好的多语言支持方法，只需把需要进行多语言处理的内容放到对应的资源文件夹下面即可。系统默认为英文，例如在 res\values\strings.xml 中定义了菜单的名称，代码如下。

```
<string name="menu_resume">Resume</string>
<string name="menu_new_game">New Game</string>
<string name="menu_exit">Exit</string>
<string name="menu_options">Options</string>
<string name="menu_records">Records</string>
<string name="menu_help">Help</string>
```

在 res\values-zh-rCN\strings.xml 中定义了相应的中文名称，代码如下。

```
<string name="menu_resume">继续游戏</string>
<string name="menu_new_game">新游戏</string>
<string name="menu_exit">退出</string>
<string name="menu_options">设置</string>
<string name="menu_records">英雄榜</string>
<string name="menu_help">帮助</string>
```

在如下代码中使用资源进行引用。

```
private void updateMenu(){
    ……
    mMenu.add(R.string.menu_resume).setIcon(android.R.drawable...);
    mMenu.add(R.string.menu_new_game).setIcon(android.R.drawable.
      ic_menu_crop);
    mMenu.add(R.string.menu_exit).setIcon(android.R.drawable.
      ic_menu_revert);
    mMenu.add(R.string.menu_records).setIcon(android.R.drawable.
      ic_menu_agenda);
    mMenu.add(R.string.menu_options).setIcon(android.R.drawable.
      ic_menu_manage);
```

```
    mMenu.add(R.string.menu_help).setIcon(android.R.drawable.
      ic_menu_help);
}
```

这样当玩家通过 Android 系统的设置功能选择不同的语言时，就会有相应的展示，如图 6-18 所示。

图 6-18　英文和中文的界面

● **消除循环依赖**

“法则 29：避免循环依赖”中介绍了一种避免循环依赖的情形，示例代码中提供了消除所有循环依赖前后的 old 和 new 两个文件夹进行对比。这里对其中涉及的其他消除循环依赖情形再进一步进行说明。

（1）消除 DBHelper 和 Records 间的循环依赖

Records 类的 save 和 deleteRecords 等方法都用到了 DBHelper 类。代码如下。

```
public class Records {
    ……
    public void save(DBHelper db, Crypto crypto){
        if(mRecordList != null){
```

```
            for(Record r: mRecordList){
                db.saveRecord(r, crypto);
            }
        }
    }
}
```

而DBHelper的saveRecord等方法也使用了Records类中定义的内部类Record。代码如下。

```
public class DBHelper extends SQLiteOpenHelper {
    ……
    public long saveRecord(Records.Record r, Crypto crypto){
        ……
    }
}
```

该循环依赖的消除方法是将 Records.Record 的定义挪到一个公共的地方 Util 中，使得 DBHelper 不再依赖 Records。代码如下。

```
public final class Util{
    ……
    static public class Record{
        public int difficulty;
        public String userName;
        public long score;
        public long record;
    }
}
```

（2）消除 BlockGrp 和 GameArea 的循环依赖

在 BlockGrp 中直接引用了其父类 GameArea 导致了循环依赖。代码如下。

```
public class BlockGrp {
    ……
    private GameArea mFather;
}
```

解决该问题的方法是采用引入接口的方式，将依赖关系降级到接口中。代码如下。

```
public class BlockGrp {
    ……
    private BlockCallback mNotify;
}
public interface BlockCallback {
    public boolean addBlock(Block block);
    public boolean isPositionEmpty(int x, int y);
}
```

修改前 BlockGrp 中需要直接调用 GameArea 两个方法：addBlock 和 isPositionEmpty。修改后将这两个方法放到 BlockCallback 接口中，让 GameArea 实现这些方法，而 BlockGrp 仅通过接口进行访问，从而消除循环依赖。

（3）消除 GameArea 和 GameView 的循环依赖

GameArea 和 GameView 循环依赖的情形与上述 BlockGrp 和 GameArea 的问题类似。解决的方法也是定义一个 AreaCallback 接口。代码如下。

```
public interface AreaCallback {
    public void setBackupBlockGrp(BlockGrp bg);
    public void playTouchGroundSound();
    public void updateScore(int destroyedBlockNum, int destroyMode);
}
```

并通过接口进行访问。代码如下。

```
public class GameArea implements BlockCallback {
    ……
    private AreaCallback mNotify; //消除循环依赖
}
```

（4）消除 WaitingArea 和 GameView 的循环依赖

这里的情况与上述情况类似，但又稍有不同。WaitingArea 仅需要调用 GameView 的 isScreenLandScape 方法，仅有这一项依赖需求。因此没必要使用接口进行调用，而是采用了将 isScreenLandScape 作为参数直接从上层传递的方式。例如修改前 WaitingArea 的 setRect 方法如下，其通过 mFather 调用了 isScreenLandScape 方法。

```
public class WaitingArea {
    ……
    private GameView mFather;
    public void setRect(Rect rect){
        mRect.set(rect);
        int blockSize = Block.getSmallBlockSize();

        //n 个 BlockGrp 就有 (n+1) 个空隙
        if(mFather.isScreenLandScape()){
            ……
        }
    }
}
```

修改后 isScreenLandScape 作为参数由调用方传入，同时 mFather 也不再需要。代码如下。

```
public class WaitingArea {
    ……
    //不再需要 private GameView mFather;
    public void setRect(Rect rect, boolean isScreenLandScape){
        mRect.set(rect);
        int blockSize = Block.getSmallBlockSize();

        //n 个 BlockGrp 就有 n+1 个空隙
        if(isScreenLandScape){
            ……
        }
    }
}
```

（5）消除 Block 对 DBHelper 的单向依赖

old 代码中 Block 单向依赖于 DBHelper，虽然没有循环依赖，但 Block

类作为一个层次较低的类，应该尽量减少其对其他类的依赖。这一依赖产生的原因是：Block 类中定义的一个 save 方法依赖了 DBHelper。代码如下。

```
public class Block {
    ……
    public void save(DBHelper db, int ascription){
        if(mDying != 0)
            return;
        db.saveBlock(mX, mY, mColor, mShape, ascription);
    }
}
```

调用该方法的地方，如下所示。

```
public class BlockGrp {
    ……
    public void save(DBHelper db, int ascription){
        for(Block b : mBlockList){
            b.save(db, ascription);
        }
    }
}
```

该问题通过功能重新划分的方式进行修改，让 Block 提供一个 getDbItem 方法计算其在数据库中存储的内容。代码如下。

```
public class Block {
    ……
    public int getDbItem(int ascription){
        if(mDying != 0)
            return 0; //将要消除的 Block 不保存

        int blockInfo = ((mShape << 4) | mColor) & 0xff ;
        int dbItem = Util.Make4BytesToInt((byte)mX, (byte)mY,
          (byte)blockInfo, (byte)ascription);
        return dbItem;
    }
}
```

然后修改 DBHelper 的 saveBlock 参数，直接用 dbItem 进行保存，其不再负责 Block 的存储方式计算。代码如下。

```
public class DBHelper extends SQLiteOpenHelper {
    public long saveBlock(int dbItem){
        try{
            SQLiteDatabase db = getWritableDatabase();

            ContentValues values = new ContentValues();
            values.put(TBlocks.block, dbItem);
            long id = db.insert(TBlocks.tbName, TBlocks.key, values);
            return id;
        }catch(SQLiteException e){
            Log.e("DBHelper:saveBlock", e.getMessage());
            return -1;
        }
    }
}
```

然后在调用处进行参数传递，先从 Block 中获取 dbItem，再将其传入 DBHelper，从而避免了 Block 对 DBHelper 的依赖。代码如下。

```
public class BlockGrp {
    ……
    public void save(DBHelper db, int ascription){
        for(Block b : mBlockList){
            int dbItem = b.getDbItem(ascription);
            db.saveBlock(dbItem);
        }
    }
}
```

尾声

我爷爷是一名裁缝，在我的记忆里他靠在家里给别人做衣服谋生，算是一个手艺人。我的职业生涯一直和代码打交道，靠写代码谋生，也算是一个手艺人。当然手艺好的程序员应该能称得上是代码工匠吧。

- **代码就是设计**

也许读者已经注意到，在本书中我把这群代码工匠称为软件设计师。为什么是软件设计师而不是软件工程师，这源自我对软件工程的不同理解。因为我认为写代码就是设计，当然这个观点并非我的首创[1]。

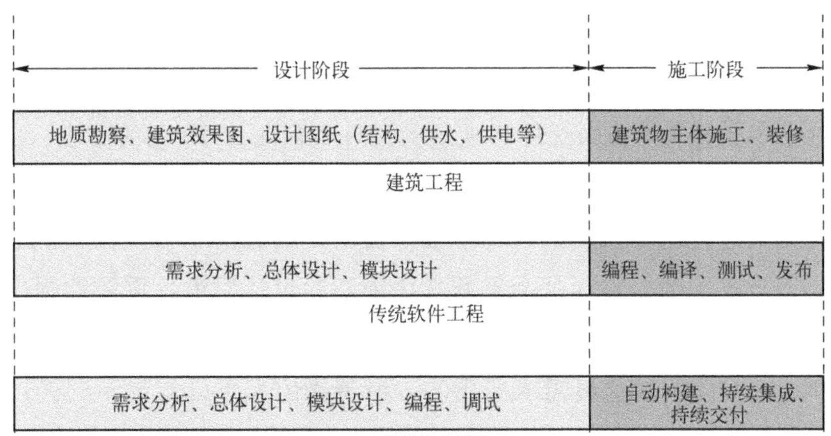

如上图所示，建筑工程大致可以分为两个阶段，设计阶段和施工阶段。传统软件工程总是习惯与建筑工程进行类比，将需求分析、总体设计、模块设计纳入设计阶段，而将编程、编译、测试、发布等纳入施工阶段。因此编程人员自然就属于“工程师”这一类别。

---

[1] Jack W.Reeves 于 1992 年发表的文章《什么是软件设计》中论述了这个观点。Robert C. Martin 的《敏捷软件开发：原则、模式与实践》一书中全文引用了这篇文章。

在建筑工程中，设计师需要花费大量的时间进行总体框架的设计、结构布局的规划和施工方案的可行性的论证等工作。在设计阶段设计师同样会反复修改设计稿，在经过论证评审后，最终提交一系列可以指导施工的设计图纸。在建筑工程中很少会出现施工进行到一定程度时才发现某一项设计存在问题导致施工无法进行的情况。假如一栋 20 层的大楼在盖好以后才发现没有设计电梯，那恐怕只有“没头脑”的设计师才会干出这样的事。

然而在传统软件工程中，模块设计和编程是脱节的。实际情况是：再详细的设计也无法完全指导编程，在编程的过程中往往会产生很多新的创意，有时甚至需要返工总体设计。因此编程环节应该纳入到设计阶段，这就是新的软件工程。其强调的观点是：写代码就是设计。因此我们称为软件设计师。软件设计师不断调试修改代码的过程，就好比建筑设计师不断论证修改图纸的过程。

另外，如同软件工程一样，建筑工程同样会面临需求变更的困扰。试想一栋盖了 10 层高的楼房，在盖好之后用户突然提出需要增加到 12 层。这几乎是不可能的，因为这栋楼地基的设计只能支撑 10 层的高度，如果高度再增加会对整栋楼的安全可靠性造成影响。但如果这项需求变更的提出时间再早一些，比如在图纸设计阶段，提出把楼层由 10 层增加为 12 层，那这应该是可行的。设计师会重新考虑地基的设计要求、重新绘制楼层的设计图，重新核算造价成本等。

可见在不同阶段提出需求变更时，所带来的变更成本是不同的。比如一栋楼在盖好后才提出要增加楼层的要求，可能需要将整栋楼推倒后重新打地基，然后重建。这是无法接受的。如果在工程还未开工前提出这项变更，那仅需要设计师重新进行相应设计即可，成本可控还可以接受。然而对于软件工程，需求变更的成本就更低了。软件设计师重新修改代码，然后编译发布即可。

造成这一差别的原因在于施工阶段的不同。建筑工程中施工阶段由工程师和工人采用各类机械设备共同完成，且周期较长具有相当高的成本。

然而软件工程中施工阶段应该划分为从代码编译开始。这一工作完全交给机器来完成，成本较低。即使软件已经编译发布，在需求变更时软件设计师重新修改代码后再次编译发布即可。这使得软件需求变更更加容易，也促进了软件行业的飞速发展。

在软件工程的施工阶段，我们需要构造一套自动化的流程，还可以引入分布式编译技术以加快速度，然后需要有自动化的测试用例（当然用例的编写在编程的同时就已经完成）来保障软件的功能，最后就能做到持续交付。当然人工的测试在这一阶段还是不可缺少的，人工测试的工作量投入取决于自动化测试的完备程度。

新软件工程的理念是：设计阶段都由人来进行，施工阶段全都交给机器。因此从某种角度看，软件工程和建筑工程又不能简单地进行类比。新软件工程应该形成一套独立的工程学科。持续交付也许会成为这套工程学科的发展方向，感兴趣的读者可以查阅这方面的文章或书籍加以更深的了解。

- **写代码的目的**

上面讨论了代码“是什么”，下面再来对“为什么”写代码进行讨论。关于写代码的目的，在前言部分有所提及但并未展开，这里再展开进行讨论。写代码作为一种劳动方式，其根本目的自然是创造价值。说得具体一点，就是满足客户的需求。这一目的可进一步分为两部分。第一个是基本目的：满足现在的需求；第二个是高级目的：为将来可能发生的需求做好准备。

这里说的需求所指的范畴比较宽泛，对于软件产品，需求来自客户或产品的设计者，比如某项具体的功能或功能的增减。对于软件设计师，他们并不直接面对客户，需求往往来自产品经理或系统工程师等。当然客户的需求可能涉及方方面面，不仅要求产品能用，而且要好用。不论哪个方面，需求的变化是不可避免的。随着科技的进步或新业务的需要，新的需求也会不断被提出。这样的新需求会被产品经理或系统工程师分解到每位软件设计师。这就要求软件设计师能够快速响应，在新需求到来时能从容应对。

我曾看到过的一种观点认为：代码是用来给人阅读的，顺便给机器运行。我认为这种观点主要是在强调代码的可读性和可维护性。但这并不准确，代码毕竟不是文学作品，不能像出书一样通过出版来实现价值。因此更准确的表述应该是：代码是给机器运行的，同时要保证人能阅读。当然的确存在某些软件构件的生产商，出售的就是源代码本身。但购买方所需要获得的，其实是源代码所能实现的某些功能。其最终目的也是要让机器运行的。

对于软件设计师，在职业生涯的不同阶段也许会对写代码的目的存在不同的理解。以下是我对软件设计师职业生涯的概括，其总体说来可以分为以下这几个阶段。

初级阶段：写代码的目的仅仅是简单地完成上级分配的任务。上级让做什么就只做什么，甚至对代码的可读性、可靠性、性能、可维护性、可扩展性都不加考虑。此时开发者最需要的是一份详细的设计文档，并按照文档进行开发。他们会对需求变更相当排斥，甚至会因此频繁跳槽。绝大多数开发者的职业生涯也终止于这个阶段。

成长阶段：这个阶段的软件设计师会对代码本身产生浓厚的兴趣，并在开发中加入一些自己掌握的技术，比如各种模式、算法等。开发的目的是为了写出“好”的代码，这其中会有一些“炫技”的成分。

发展阶段：开始考虑代码的可读性，关注代码这么写是否能明确表达其意图？将来其他开发人员能不能看懂？或者自己再过一段时间后还能不能看懂？开始为他人考虑，提升程序员的自我修养。但这一阶段的软件设计师仍不一定能理解写代码的基本目的，即满足客户的需求。当产品经理提出某项合理需求时，他们会“不高兴”，认为这一需求破坏了程序的架构，使得代码不再“优雅”。

高级阶段：这一阶段的软件设计师能站在产品的角度思考代码，能站在客户的角度思考需求。能理解用户需要的并非代码本身，代码是为实现需求服务的。会思考这个功能是否能满足用户需求？有没有更好的方案？他们深知用户需要的并不是一个直径 5mm 的钻头，而是墙上直径为 5mm 的洞。

终极阶段：在设计时会为需求的变更做准备。将来需求可能朝哪个方向变化？现在只要求一种场景，将来会不会要求多种场景？当变更来临时是否只需要付出最小的代价？对一切的变化都在运筹帷幄之中。比如Android团队在仅仅修改了3行代码之后，就将系统移植到了另一个硬件平台上。

因此写代码的目的其实很朴素，即满足客户需求。可以说一个合格的软件设计师能够写出满足需求的代码；而优秀软件设计师写的代码不仅能满足需求，在需求变化时也能从容应对。曾经有一段时间我也追求过“代码之美”，现在看来其实这两个观点并不冲突。美的代码更易于维护，更容易被别人读懂并掌握，自然就容易满足写代码的高级目的：为将来可能发生的需求做好准备。